哈洛新知
Hello Knowledge

知识就是力量

30秒探索
编程简史

30秒探索
编程简史

50余个基本技术原则
30秒解析

主编
马克·斯特德曼

参编
亚当·朱尼珀
苏泽·沙尔德洛
马克·斯特德曼

插图绘制
尼基·阿克兰－斯诺

翻译
王绍祥
刘晨莹

华中科技大学出版社
http://press.hust.edu.cn
中国·武汉

湖北省版权局著作权合同登记　图字：17-2022-006 号

图书在版编目（CIP）数据

30 秒探索编程简史 /（英）马克·斯特德曼（**Mark Steadman**）主编；王绍祥，刘晨莹译 . —武汉：华中科技大学出版社，2023.2
（未来科学家）
ISBN 978-7-5680-8612-7

Ⅰ . ①3… Ⅱ . ①马… ②王… ③刘… Ⅲ . ①程序设计－普及读物 Ⅳ . ① TP311.1-49

中国版本图书馆 CIP 数据核字（2022）第 155433 号

30 秒探索编程简史
30 Miao Tansuo Biancheng Jianshi

[英] 马克·斯特德曼 / 主编
王绍祥，刘晨莹 / 译

策划编辑：杨玉斌
责任编辑：陈　露　　　　　　　　装帧设计：陈　露
责任校对：李　弋　　　　　　　　责任监印：朱　玢

出版发行：华中科技大学出版社（中国·武汉）　　电话：（027）81321913
　　　　　武汉市东湖新技术开发区华工科技园　　邮编：430223

录　　排：华中科技大学惠友文印中心
印　　刷：中华商务联合印刷（广东）有限公司
开　　本：787 mm×960 mm　1/16
印　　张：10
字　　数：158 千字
版　　次：2023 年 2 月第 1 版第 1 次印刷
定　　价：88.00 元

本书若有印装质量问题，请向出版社营销中心调换
全国免费服务热线：400-6679-118　竭诚为您服务
版权所有　侵权必究

目录

引言
马克·斯特德曼

　　代码是现代社会最重要的组成部分之一。每当我们向朋友发送表情符号时，我们都是在通过虚拟线路发送一小段代码（一串字母和数字）。这串字母和数字被称为十六进制代码。它以图片的形式被传送至我们朋友的手机上并被读取。当我们拿起手机与朋友通话时，代码将我们的语音转换为数字数据，这些数据先在一端被编码，接着在另一端被解码。

　　我们所说的"代码"是一组用特定语言编写的指令。这种语言受多种因素，如我们人类读写这种语言的难易程度、计算机"理解"这种语言的速度、同用这种语言的计算机的数量以及语言特征的影响。编码（或编程）可以是两个数字相加的简单运算，也可以像搭建执行复杂的机器学习任务的大型神经网络一样复杂。代码既可以推动社会大变革，也可以帮助我们在忙碌的一天中节省下几分钟时间。

　　要成为一名优秀的程序员，并不一定要在数学考试中获得高分。只要具备逻辑思维能力，知道孰先孰后，就能编程。我们也没有必要记住数千条晦涩难懂的指令，因为在记不住编程语言的某个特定部分如何运行时，都可以在网络上搜索一下。

　　代码并非只能在传统计算机上进行编写。在平板电脑或智能手机上都可以编写代码，有一些软件可以帮助我们学习编程，并即时出成果。本书将介绍计算机编程发展史中的关键事件，讲述从初代计算机到助力微型企业发展成大型企业的现代云基础设施的发展历程。

　　在人们的刻板印象中，只有那些住在地下室的电脑奇才才会和编程扯上关系。但现如今，编程其实无处不在，比如我们用手机扫描的条形码、防止手机应用程序中的对话信息被窥视的加密方法，处处都有编程的身影。本书旨在开阔读者的视野。不论是想打造下一个风靡全球的应用程序，或者只是想知道为什么重启电脑能解决很多小问题，本书都能助以一臂之力。

709
COMMODORE BASIC
7167 BYTES FREE
READY.
MOVE LW-PARM-VAL TO WW-NUM-ELEMS
PERFORM B001-NEW-ARRAY
COMPUTE WW-INCREMENT =
WW-NUM-ELEMS / 200000
END-COMPUTE
PERFORM VARYING WW-ARRAY-IDX FROM 1 BY WW-INCREMENT
UNTIL WW-ARRAY-IDX > WW-NUM-ELEMS
MOVE WW-ARRAY-IDX TO WW-DATA
03 LW-PARM-LEN
03 LW-PARM-VAL
PROCEDURE DIVISION USING LW-PARM.
A001-MAINLINE SECTION.
MOVE LW-PARM-VAL TO WW-NUM-ELEM
PERFORM B001-NEW-ARRAY
professional
computer
2001 Series

本书概览

本书展示了最贴近计算机程序员内心深处的理念。在学术界，编程被称作"计算机科学"，但作为一门学科，它并没有那么古老。因此，本书第一章将用一整章的篇幅来介绍计算机是如何出现的，之后几章才会分别解析如何给计算机下指令。本书会介绍差分机、人脸识别技术等内容，其中每篇文章都分为几个部分。每篇文章的核心内容是30秒探索编程简史，即概念解释。如果你的时间不够充裕，可以看看3秒钟精华，这个部分仅用一两个句子就呈现了文章的精髓，而3分钟扩展则提供了更丰富的背景知识。

第一次看到死机蓝屏时，你可能会想到一些人，而与计算机技术相关的人其实更多。因此，本书也会介绍许多在编程和计算机创新领域响当当的人物。看看3秒钟人物，你会对许多如今仍在奋斗的计算机权威专家的事迹有所了解，同时你也会读到一些人物传略，那些人物你可能有所耳闻，但他们又不算是计算机极客。

初代计算机 ◑

术语

算法 计算机领域的数学术语，该术语经常被过度简化。例如，人们常说谷歌算法单一，殊不知谷歌的网站排名是多种算法的综合结果。

基数 数学中表示计数范围的数字。"基数为10"意味着用0到9这10个符号表示所有的数字。

伯努利数 以数学家雅科布·伯努利（Jakob Bernoulli）的名字命名。他将概率描述为重复相同事件（如掷硬币或掷骰子）时同一结果出现的可能性大小。

布尔逻辑 在数学中，布尔值（例如某个公式的计算结果）只有真（true）和假（false）两种值。这个术语进入计算机科学领域，不仅涉及早期的系统，而且涉及现今的各种系统，例如，如果你在一个网页表单上看到一个复选框，这个复选框很可能会链接到数据库中的一个开/关或真/假字段。

二进制 字面意义为由两个事物组成或包含两个部分，在计算机技术中指以2为基数的计数系统。0、1、10、11、100、101、111、1000等都是二进制数。

位 位的英文bit是binary digit（二进制位）的缩合词。一个二进制位只能有"开"（on）或"关"（off）两种状态（通常分别用0或1表示）。

DOS 磁盘操作系统（disk operating system），和拒绝服务（DoS，一种网络攻击手段）不同。

浮点 能够表示特别大或特别小的实数的数学方法，其形式为尾数乘以基数的指数次幂，如$2.5951 \times 10^4 = 25951$。你也可以限制尾数的位数，以减少计算机的总计算量，比如，限制尾数只能保留小数点后三位，就只需要记录$2.595*10^4$（代码中用"*"表示乘号）。

通用计算机 一种可以通过编程来执行不同操作（传统上为算术或逻辑）的计算机。早期设备只能执行符合设计目的的操作。

循环 在程序设计中，一段程序不断重复（直到满足某个条件或程序因出错而陷入无限循环）的过程。

内存 计算机中为正在运行的程序存储信息的组件，与"存储器"（storage）相对应。

操作系统 一种计算机系统软件，能够管理计算机硬件，为应用程序提供公共资源，负责应用程序的启动和终止等。

个人计算机 该词的出现是为了区别早期的个人计算机和当时与房间大小相当的昂贵计算机。

处理器 也被称作中央处理器（central processor unit，CPU）。数字计算机的这个组件负责计算。

程序/编程 作名词时，指可告诉计算机做什么、怎么做的一组精确指令。作动词时，指创建程序的行为。

穿孔卡片 专为存储信息而设计的卡片。穿孔卡片是一批打印出来的相同的卡片，比如，卡片上可能印着数字1到10。操作员可以通过在合适的数字上打孔来存储信息。制表机能够通过卡片上的孔的位置读取卡片。

半导体 导电能力比导体（如铜）弱、比绝缘体（如陶瓷）强的一种材料。元素硅就是半导体。此外，与金属不同，半导体的温度越高，导电能力就越强。

硅 一种类金属，但在计算机领域常指用其制成的组件（集成电路），尤其是中央处理器，如"这台计算机搭载了苹果硅（Apple silicon）"。

软件 一种可被计算机读取的数据集合，可作为运作指令，与实际上执行操作的硬件相对。

语句 表示指令的一行正确编写的代码。

制表机 处理穿孔卡片并记录总数或执行类似操作的机器。

变量 在程序设计中，所有被操作的数据都需要存储在计算机内存中。为每个数据段分配一个空间并指定一个名称，以便程序访问——这就是变量。

工业革命

30秒探索编程简史

一想到计算机编程，一个凌乱邋遢或如醉如痴的人蜷缩在计算机前的画面很快就会浮现在我们的脑海中。在我们还没有意识到这其实并不能客观地反映这一群体的众生相之前，我们就应该认识到，编程的概念早在闪闪发光的小屏幕或标准键盘让我们有了这样一种刻板印象之前就已经存在了（这一认识也很重要）。事实上，早在工业革命时期，人类就开创了用机器处理重复性任务的先河。纺织业是工业革命的起点。1750年，英国进口了约1100吨棉花用于纺纱，到1800年，这一数字已增至24000吨，而且还在迅速攀升。这关键得益于固定式蒸汽机的出现，固定式蒸汽机为大型工厂或"纱厂"提供动力，使其能加工来自美洲殖民地的源源不断的棉花。英国快速工业化，率先成了世界强国，拿破仑自然不会对此视若无睹。里昂纺织业方兴未艾，彼时约瑟夫-马里·雅卡尔正在里昂研究与织布机有关的发明，自然得到了这位法国统治者的热情支持。1801年，雅卡尔发明了雅卡尔提花机，该机器的特点是利用穿孔卡片自动编织带有图案的丝绸，这使得法国在该领域遥遥领先。雅卡尔提花机成了法国的国家财产；10年后，法国已装配了11000台雅卡尔提花机。

3秒钟精华
早在计算机技术问世之前，工业革命就为穿孔卡片式数据存储系统的出现创造了条件。

3分钟扩展
穿孔卡片使织针能穿过有孔的地方，绕过无孔的地方。开孔和闭孔的作用与精确的二进制算法完全一致，这引起了查尔斯·巴贝奇（见第16页）的关注。他甚至订购了一幅用雅卡尔提花机编织而成的雅卡尔肖像，这幅肖像的制作用到了24000张穿孔卡片。

相关话题
另见
差分机 第16页
机械计算机 第24页

3秒钟人物
詹姆斯·瓦特
James Watt
1736—1819
英国发明家，1776年制造了第一台具有实用价值的蒸汽机，成功地开启了第一次工业革命。

约瑟夫-马里·雅卡尔
Joseph-Marie Jacquard
1752—1834
法国织机工匠、商人，因发明自动织机而被授予法国荣誉军团勋章。

本文作者
亚当·朱尼珀
Adam Juniper

约瑟夫－马里·雅卡尔发明了自动织机，促进了法国纺织业的发展。

差分机

30秒探索编程简史

查尔斯·巴贝奇的差分机常被视为首台机械计算机。他发明众多，广受赞誉，当时的数学表格激发他进行了他最著名的一项实验：制造一台机械计算机。1822年，巴贝奇已经做了3年实验，给英国政府留下了深刻的印象，并从英国政府获得了一笔17000英镑（相当于现在的20多万英镑）的经费，以继续实验。制造符合质量要求的齿轮耗资巨大。1842年，英国政府最终撤回了对巴贝奇的资助（当时他已经花完了17000英镑）。但巴贝奇的雄心壮志没有就此终结；他又提出了分析机的设想，这种机器是真正的计算机，能够通过穿孔卡片（纺织业中的可靠技术）编程。分析机如果建成，体积会比火车车头还大，其两端分别是"加工厂"（处理器）和"仓库"（内存）。分析机的设计也启发了差分机2号的发明。然而，分析机并没有被真正制造出来；直到1991年，伦敦科学博物馆获得经费后才制造了差分机2号。此后几十年中，机械技术在计算和相关工作（尤其是美国1890年人口普查）中不断得到改进。

3秒钟人物
查尔斯·巴贝奇
Charles Babbage
1791—1871
英国博学家，在力学、经济学、天文学等领域享有盛名。

康拉德·楚泽
Konrad Zuse
1910—1995
1941年于柏林制造了世界上第一台具有图灵完备性的计算机Z3，直至1946年才为西方所知。

查尔斯·巴贝奇以实验设计（包括差分机）而闻名。

51415 9 2 6 5 5

9 0 1 2 3

8 7

5 4 3

1815 年 12 月 10 日
出生于英国伦敦

1816 年
拜伦勋爵与埃达的母亲签署分居协议后离开

1829 年
患上麻疹，因此瘫痪了一年多

1833 年
巴贝奇邀请埃达参观差分机原型

1835 年
与威廉·金（William King）男爵结婚，因此有机会进入三处住宅（一处在萨里，一处在伦敦，一处在苏格兰）

1838 年
威廉·金因其所做的政府相关工作被维多利亚女王封为伯爵，埃达也成了洛夫莱斯伯爵夫人

1840 年
埃达和巴贝奇恢复了联系，讨论她正在研究的微积分问题

1842 年至 1843 年
翻译路易吉·梅纳布雷亚（Luigi Menabrea）有关巴贝奇的分析机的论文，并添加了很多后来广为称赞的注释

1843 年 9 月
巴贝奇（在没有政府资助的情况下）研究分析机，并授权埃达进行推广

1844 年
告诉朋友沃罗佐夫·格雷格（Woronzow Greig）自己想要建立一个大脑数学模型

1851 年 5 月至 10 月
于水晶宫举办的万国工业博览会展现了维多利亚时期最先进的科技成果；埃达和巴贝奇所在的圈子都参与其中

1852 年
临终前向丈夫坦白了一些事情，丈夫离她而去

1852 年 11 月 27 日
死于子宫内膜癌（当时的放血疗法不起作用），享年 36 岁，被葬在她父亲身旁

2002 年
伦敦科学博物馆最终根据样图造出了差分机

埃达 · 洛夫莱斯

ADA LOVELACE

埃达 · 洛夫莱斯，即洛夫莱斯伯爵夫人，是拜伦勋爵唯一的合法女儿，她对自己的父亲知之甚少。拜伦勋爵在埃达出生一个月后就和她的母亲分居了，不久后离开了英国。埃达8岁时，拜伦在希腊因病离世。埃达和她的母亲并不亲近。一些历史学家称，出于对拜伦的怨恨，埃达的母亲不想埃达走上艺术道路，所以让她学习数学和逻辑学。埃达结识了许多名人，如查尔斯 · 狄更斯、迈克尔 · 法拉第。1833年，18岁的埃达结识了科学家、"计算机之父"查尔斯 · 巴贝奇，并开始与他合作，这对埃达的人生至关重要。

他们初识的时候，巴贝奇正在改进差分机，这是一台机械计算机。此时，他也有了关于分析机（本质上是第一台现代计算机，见第16页）的设想。作为巴贝奇的助手，埃达被机械计算机的原型深深吸引了。她能够理解喜怒无常的巴贝奇，并帮助巴贝奇将他的想法推广至学术界（且从中学习）。1842年至1843年，埃达翻译了一篇意大利语论文，她也因此声名鹊起。这是一篇关于巴贝奇提出的分析机的论文，她在翻译时添加了大量的注释（篇幅是原文的3倍），这主要是因为当时的英国学术界没有立即看到分析机的潜力。其中一个注释（注释G）是一个用于计算伯努利数的示例程序。这其实是史上第一个计算机算法，埃达在其中初创了计算机循环的概念。

巴贝奇对埃达深怀感激之情。在致谢信中，他称埃达为"数字女巫"。他们一直都是朋友，只因巴贝奇想要谴责政府（不给他提供机器研发资金）有过短暂的不和。两人交情匪浅，因此巴贝奇在埃达婚后常去萨默塞特郡的沃西庄园拜访她，他们一同踱步、探讨理论的地方被称为"哲学家之路"。

亚当 · 朱尼珀

计算员

30秒探索编程简史

3秒钟精华
"computer"一词之前指的是从事计算工作的人，后来才用于表示设备。

3分钟扩展
1948年，喷气推进实验室团队夜以继日地计算火箭轨道。由于参与其中的女性计算员为数众多，有些工程师将其称为"女性的工作"。因此，20世纪50年代，IBM（国际商业机器公司）的一些新型计算机都交由女性操作。尽管受限于那个时代的社会习俗，许多编程工作仍由女性承担。

在如今的21世纪，"computer"一词已有了既定含义，但数学方程的求解或计算甚至早于查尔斯·巴贝奇的机械计算机存在。直到1946年，我们现在所知道的"computer"一词的含义才出现在词典之中。早在17世纪初，作家托马斯·布朗（Thomas Browne）爵士就用这个词来指代那些将儒略历日期转换为公历日期并重新进行计算的人。在数字计算机出现之前，计算由大型团队负责。其中最著名的是加利福尼亚州喷气推进实验室，该实验室由加州理工学院的一些学生（和火箭爱好者）于20世纪30年代中期建立，后来成了美国国家航空航天局的重要部门。第二次世界大战期间，喷气推进实验室团队的工作是进行日常计算，如计算还需多少火箭助推器才能助力飞往日本的轰炸机升空。随着阿波罗太空计划的开展，计算量变得更大，第一位女性计算员芭芭拉·"巴比"·坎赖特也参与其中。其中一些女性，如海伦·林（Helen Ling）荣升为主管。当时还没有"休产假"一说，据说正是她们承诺了女性计算员在怀孕之后仍可重返工作岗位。尽管这些女性计算员成就显著，但她们仍然只能在更出名的任务控制中心旁边的地方工作。

相关话题
另见
工业革命 第14页
破译员 第26页

3秒钟人物
凯瑟琳·约翰逊
Katherine Johnson
1918—2020
非裔美国教师，后转行做计算员，在美国国家航空航天局工作超过30年，荣获总统自由勋章，是电影《隐藏人物》的主角原型。

芭芭拉·"巴比"·坎赖特
Barbara 'Barby' Canright
1919—1997
美国数学家，1939年进入喷气推进实验室工作，是该实验室的第一位女性计算员。

本文作者
亚当·朱尼珀

芭芭拉·"巴比"·坎赖特是美国国家航空航天局的第一位女性计算员，她用铅笔和坐标纸进行手工计算。

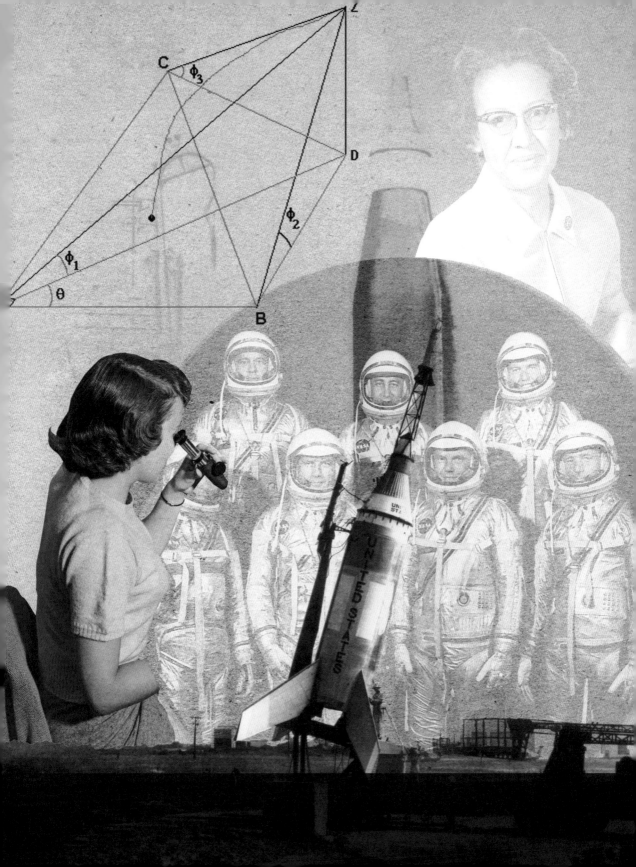

特定任务计算机

30秒探索编程简史

雅卡尔提花机的出现说明设备其实能够（通过卡片上的孔）存储数据。此后，许多发明家使用我们现在认识到的计算原理将他们设计中的组件自动化。1890年，赫尔曼·何乐礼成功地将穿孔卡片制表机应用于纽约州人口普查中。在此之后，他与美国政府签订了合同，将这一机器应用于1900年的人口普查和纽约铁路客运量与货运量计算中。穿孔卡片并非何乐礼首创——事实上，他未能获得这项专利，因为巴贝奇已经在分析机（见第16页）中使用了这种卡片。然而，何乐礼确实大大改进了从穿孔卡片上读取信息的机器，并将卡片的标准尺寸设定为$7^{3/8}$英寸 x $3^{1/4}$英寸（186毫米 x 83毫米），该尺寸与1929年之前的美钞的尺寸相同。这些从穿孔卡片上读取信息的机器被称作制表机，它们比分析机更为简单。举个典型的零售业应用实例，人们会在制表机中插入一叠穿孔卡片，每张卡片上都打了孔，分别代表价格和相应的商品。制表机会将每件商品的价格相加。何乐礼创立了制表机器公司（Tabulating Machine Corporation），售卖他的穿孔卡片和制表机。后来，金融家查尔斯·弗林特（Charles Flint）将这家公司和其他科技企业合并，并将新的大型公司命名为IBM。

3秒钟精华
在可编程计算机出现之前，人们为处理大型数据项目（如人口普查），专门制造了一些机器，这些机器使得可靠的信息存储技术得以发展。

3分钟扩展
由于从穿孔卡片上读取信息曾是用于存储信息的唯一方法，早期的计算机必然都会采用这一方法。IBM的第一台通用计算机IBM701能够使用固定格式的穿孔卡片，其采用的80列数据后来成了行业标准，每列均可表示地址、操作或注释。到了20世纪60年代，Fortran等计算机语言都可以通过这种穿孔卡片进行编程。

相关话题
另见
工业革命 第14页
差分机 第16页

3秒钟人物
赫尔曼·何乐礼
Herman Hollerith
1860—1929
美国企业家、发明家、统计学家；IBM推出了他发明的穿孔卡片制表机，人称何乐礼机。

本文作者
亚当·朱尼珀

卡片通过电触点时，何乐礼的制表机会自动读取。

机械计算机

30秒探索编程简史

以二进制、开/关的方式保存和处理信息被视为如今唯一的计算机运行方式。但情况并非总是如此；虽然现代组件需要通过单路电压和电子开关运转，但最初设想计算设备的人却无从传承此项技术。他们有关机器的经验更偏机械化。查尔斯·巴贝奇早期的设计由可以转向10个不同方向的多个齿轮构成，每个方向代表一个数字，其个数远多于二进制中的符号（0和1）个数。在此之后的几年中，球盘式积分器成了机器的制造基础。这种球盘式积分器由一个恒速转动的圆盘和一个与带有输出值的机械齿轮相连的圆柱体组成。二者之间是一个轴承，该轴承会在圆盘转动时带动圆柱体旋转。如果轴承靠近圆盘中心，圆柱体就会转动得十分缓慢，如果轴承靠近旋转速度更快的圆盘边缘，圆柱体也会转动得更快。英国皇家海军利用机器预测月球位置，从而计算潮汐时间和射程。由于英国皇家海军的无畏号战列舰过于强大，侦查员无法凭一己之力测算出准确的射程。因此，1914年，英国皇家海军已有近50名船员能够操作球盘式积分器。

3秒钟精华
早期的计算设备将数字转换成模拟值来辅助计算。

3分钟扩展
继英国皇家海军的创新之举后，许多原理相同的计算工具相继面世，如美国海军的射程计算仪、鱼雷数据计算器和著名的诺顿轰炸机瞄准器。此外，控制德国V2导弹弹头的机械装置也采用了类似的原理。

相关话题
另见
差分机 第16页
计算员 第20页

3秒钟人物
威廉·汤姆森
William Thomson
1824—1907

数学物理学家，又称开尔文勋爵，以阐述热力学第一定律和第二定律而闻名；因装设了跨大西洋电缆被授予爵位，开尔文温标也是因他而得名。

弗雷德里克·查尔斯·德雷尔
Frederic Charles Dreyer
1878—1956

英国皇家海军官员、上将，曾参加日德兰海战，设计了一台用于计算射程的机械计算机——德雷尔表，当时英国皇家海军选择使用这台计算机而非他们原先的首选计算机。

本文作者
亚当·朱尼珀

以球盘式积分器为基础制成的机器既为英国皇家海军所用，也被用于制造德国V2导弹。

EXTERNAL CONTROL VANES

COMBUSTION CHAMBER AND VENTURI

TURBINE AND PUMP ASSEMBLY

LIQUID OXYGEN TANK

ALCOHOL TANK

CONTROL COMPARTMENT

INTERNAL CONTROL VANES

A. Lange & Co.
LONDON

OCTOBER NOVEMBER DECEMBER JANUARY FEBRUARY

JULY JUNE

5 6

6 5 4 3 2

破译员

30秒探索编程简史

1938年，英国政府意识到英德两国之间的冲突将无法避免。于是，英国政府将政府代码及加密学校迁至布莱切利园。德国使用恩尼格玛密码传递加密情报，这些情报被称作"超级"情报。破译恩尼格玛密码堪称提前几年结束战争、拯救1400万条生命的关键。恩尼格玛密码机是带有转子的机械设备。每在密文中输入一个新的字母，转子的位置就会变动。这些机械设备每天都会重置，因此加速破解加密设置至关重要，有助于破译密文。这促使破译团队——特别是艾伦·图灵和戈登·韦尔什曼（Gordon Welchman）通过研发机电设备解决问题。他们研发的第一台设备是炸弹机，主要由制表机组件制成。后来，为了破译洛伦兹密码机，他们研发了可编程的巨人计算机，该计算机使用热离子管代替了不稳定的送纸装置。破译团队在布莱切利园所取得的成就被列为绝密，50年后才得到英国政府的承认。众所周知，巨人计算机破译了德军情报，让美国将军德怀特·艾森豪威尔知道，希特勒以为盟军为诺曼底登陆日所做的准备只是虚张声势，于是艾森豪威尔决定继续推进诺曼底登陆行动。

相关话题
另见
机械计算机 第24页
艾伦·图灵 第150页

3秒钟人物
马克斯·纽曼
Max Newman
1897—1984
英国数学家、破译员，于1948年研发了世界上首台存储程序电子计算机曼彻斯特小型机。

汤米·弗劳尔斯
Tommy Flowers
1905—1998
英国工程师，曾在英国邮政总局电信部门工作，设计了巨人计算机。

本文作者
亚当·朱尼珀

3秒钟精华
第一台可编程的电子计算机是巨人计算机，制造巨人计算机的目的是破译德国在第二次世界大战中使用的密码。

3分钟扩展
德国使用的恩尼格玛密码有数十亿种组合，本该固若金汤。但由于波兰间谍提供了信息且德军纪律不够严明，比如在几乎所有通信信息的末尾都加上"嗨，希特勒"这几个字，布莱切利园的破译团队找到了突破口。

布莱切利园内的行动是第二次世界大战期间破译德国恩尼格玛密码的关键。

指令集和存储程序

30秒探索编程简史

布莱切利园并非凭空出现。艾伦·图灵于1936年写了一篇论文《论可计算数及其在判定问题上的应用》，旨在解决制造可重复编程计算设备的问题。当时已有的带移动电缆的插件板似乎不太合适，因此图灵发明了"通用计算机"，这台计算机可以完成所有特定任务计算机（或计算员）能够完成的任务。在观察了其他计算机的计算过程后，图灵发现：它们最基本的运行方式就是先读取一个数字，然后根据这个数字执行一项操作，接着再进行下一步。他假设有（可能十分冗长的）指令手册的存在，该手册以"如果你读取x，那么就打印y，接着读取数字z"的格式描述每一项可能需要执行的任务。换言之，指令手册就是一个计算机程序，每一个动作就像一个条件语句。图灵的论文明确指出，当时的技术使每一个步骤都成为可能，因为计算机只需要"意识到"一个符号，就能执行一项操作，接着再跳转到指令手册所指定的任意的下一页。1948年，曼彻斯特大学的小型机运行了其第一个程序，由电子组件制成的程序内存首次出现。相比于插件板电缆或穿孔卡片，它在重复编程上花费的时间更少。

相关话题
另见
埃达·洛夫莱斯 第18页
破译员 第26页
艾伦·图灵 第150页

3秒钟人物
戴维·希尔伯特
David Hilbert
1862—1943
德国数学家，其成就是激励学术界探索具有实用性的思考方法，例如，判断数学命题的"真"或"假"。

本文作者
亚当·朱尼珀

3秒钟精华
计算机科学的基础是用程序描述任务，这一概念在计算机出现之前早已存在。

3分钟扩展
在图灵提出了指令手册的设想后，计算机的"指令集"出现了。这是一个指令列表，其中包含着能够传送至处理器的最基本指令，如ADD（将两个数字相加）、JUMP（跳转到指定的内存地址）等指令。术语"指令集"指的是面向某一特定处理器或某个子集的所有指令。

曼彻斯特大学的小型机融合了艾伦·图灵的数学概念。

读取—执行周期

30秒探索编程简史

3秒钟精华
计算机的中央处理器接二连三地处理指令，直至完成所有指令。

3分钟扩展
如今的一行编程代码与一个读取—执行周期不同。只为了计算几个数字相加的结果，计算机就需要通过编程载入这些数字，并将它们作为变量存储到计算机的动态存储寄存器中（这是对每个数字的操作过程），接着将它们相加，之后存储结果。计算机可能还需要将结果赋值给另一个变量。

读取—执行周期是计算机执行最基本计算步骤（如图灵指令手册中的一行）的过程。编程的本质是将正确的读取—执行周期按序排列。"读取—执行"是"收到并完成"的花式表达方式。你之前一定在计算机上看到过"可执行文件"（后缀为".exe"的文件）这一术语。总而言之，一个可执行文件就是图灵所说的指令手册。有人可能会认为，如果进一步细分，"读取—解码周期"才能更准确地描述这一过程，因为这一过程始于下一条指令（在计算机内存中）的地址。读取—执行周期的首个步骤是获取地址并将其复制到现行指令寄存器中。只有在这一步骤完成之后，程序计数器（内部时钟）的值才会前进一步，指令也才会得到执行。这涉及通过控制总线将信号从处理器传送至内存或其他组件的过程。这个过程一直在处理器内核中进行，由时钟速度衡量。计算机运行速度越快，周期就越多。这也解释了为什么关闭电源能够有效地重启计算机，因为脉冲信号都是电流。切断脉冲信号就是停止系统"血液"（包括流向实时内存的"血液"）的流动。

相关话题
另见
汇编语言 第40页
编译代码 第48页

3秒钟人物
约翰·冯·诺伊曼
John von Neumann
1903—1957
匈牙利裔美国数学家，提出了读取—执行周期。他还率先提出了与DNA自我复制功能类似的计算机构想，并参与了曼哈顿计划。

本文作者
亚当·朱尼珀

正确排列读取—执行周期是编程的本质。

晶体管革命

30秒探索编程简史

相关话题

另见
差分机 第16页
埃达·洛夫莱斯 第18页
破译员 第26页
个人计算机时代 第34页

3秒钟精华

收音机和早期的计算机之所以不够实用，是因为灯泡大小的电子管并不稳定，而如今晶体管已经取而代之。

3分钟扩展

晶体管（以及内含许许多多晶体管的微处理器）是由"半导体"材料制成的，又被称作半导体管。研发更小尺寸的晶体管耗时很长（1957年，著名的索尼TR-63迷你收音机面世），但曼彻斯特大学于1953年11月制成了世界上第一台晶体管计算机，尺寸方面的问题在当时已经不那么严重了。

每个数字在机械计算机的轮齿和齿轮上都有对应的位置或"状态"，而现代计算机用电压来表示这些状态。每个轮齿上的状态越多，工程设计就要越精细，但轮齿总数会变少，设备也会更简单。下一步是摒弃机械手段，这意味着如果要用电压表示数字，且使其具有两种（开和关）以上的状态，那么计算机中应布满能够测量电压的设备。由于这些设备体积庞大且不稳定，布尔逻辑更实际的解决方案是应用：电压"开"代表1（真），电压"关"代表0（假）。在只有两种可能性的情况下，所有的计算机操作都可简化为具有两条输入线和一条输出线的极简电路。它们被称作逻辑门，通常只包括三种类型：与门（AND gate）、或门（OR gate）、非门（NOT gate）。ENIAC等早期的计算机通过真空三极管执行任务，但计算机的18000个真空三极管很少能够全都不出故障地运转一整天。一种更稳定的技术对无线电、通信和早期的计算至关重要。终于，在1947年，贝尔实验室的一个团队成功研制出了晶体管。

3秒钟人物

理查德·格里姆斯戴尔
Richard Grimsdale
1929—2005
出生于澳大利亚，后回到英国进入曼彻斯特大学就读（当时艾伦·图灵正在这所大学任教），于1953年建造了第一台晶体管计算机Metrovick 950。

本文作者

亚当·朱尼珀

晶体管给便携式消费电子产品带来了一场革命。

个人计算机时代

30秒探索编程简史

晶体管出现之后，科学家们又将晶体管集成至微芯片（内含数百万个晶体管的单个组件）中，为大规模生产计算机提供了廉价原料。但是，还有一个大问题尚未解决：兼容性。20世纪80年代，你选择的计算机在很大程度上影响着你能使用什么样的软件。Acorn这家英国小公司就是一个典型的例子。1979年到1997年，该公司使用不一样的组件建立了几个不同的计算机系统，其中有些组件由该公司自行设计。不同的计算机有着不同的目标市场（娱乐、商业、教育和家居等），它们的处理器不同代，用于存储数据的磁盘或磁带也有着不同的内存。尽管进行了这么多的创新，Acorn也只是一家刚刚走出本土市场的公司，也远不是唯一的一家。1984年，人们对家用电脑的需求达到高峰，但雅达利公司、康懋达国际公司、苹果公司等知名公司的产品充斥市场，以至于没有一家公司能够销售足够多的产品以创造一个可持续的软件市场。与此同时，商业领域正在标准化磁盘操作系统（DOS），后来微软的Windows操作系统得到了广泛使用。企业的营销行为或许别有用心，但这也带来了一个价格合理的占主导地位的计算平台。

3秒钟人物
克里斯·柯里
Chris Curry
1946—

英国技术发明家、企业家，与克莱夫·辛克莱（Clive Sinclair）合作后又分道扬镳，后来建立了Acorn计算机公司，经过争取，获得了为英国广播公司开发BBC Micro计算机的机会。

索菲·威尔逊
Sophie Wilson
1957—

英国计算机科学家，毕业于剑桥大学，后来加入了Acorn计算机公司，因组装英国广播公司BBC Micro计算机的原型、设计ARM指令集而闻名。

本文作者
亚当·朱尼珀

晶体管被改进成微芯片，催生了个人计算机革命。

3秒钟精华
所有技术都成熟后，最后一步就是要淘汰几个计算机品牌，这一做法的目的是为有价值的软件创造一个足够庞大的市场，让这些软件承担之前的人工任务。

3分钟扩展
Acorn计算机公司对硅芯片的研发充满热情，这意味着技术的进步已经比公司本身的发展还要重要（这与当时的其他许多计算机公司不同）。该公司研发的ARM芯片比其个人计算机系列更受欢迎。此外，ARM还成了一家独立的公司。现在，所有的手机处理器制造商都能在获准后使用这种芯片。该芯片也是苹果公司（于2020年推出的）计算机处理器的基础。

指令计算机 ◐

术语

云　通常指网络（远程）存储或应用程序服务。

抽象观察　着眼于一种情况并去除所有物理因素或时间因素，以便只创建必需的代码。这与程序代码中的抽象类型相反，因为后者允许创建不必要的方法。

应用程序　常指被设计用于执行某种功能的计算机程序（例如，文字处理器），与被设计用于运行计算机的软件相对应。

C语言　最早的编程语言之一，是Python等语言的基础。由于诞生较早，C语言比Web应用程序更适用于硬件编程。C++语言是C语言的现代扩展，被应用于计算机游戏和模拟中。

C#语言　读作"C　Sharp"语言，是C语言的一种衍生语言，也是微软公司.NET框架的开发语言。

可执行文件　与程序代码不同，可执行文件是可以在计算机上运行的应用程序。对Windows操作系统的用户而言，它们就是.exe文件。

GitHub　用于共享代码且以Web为基础的托管服务平台，最初由莱纳斯·托瓦尔兹（Linus Torvalds）在Git这个分布式版本控制系统的基础上建立，后被微软收购。

Go语言　又称Golang语言，是谷歌开发的编程语言，可读且安全，能够处理数据，但其应用并不广泛。

"goto"语句　跳转至程序中另一点的编程指令。

十六进制　简写为"hex"，指基数为16的计数系统，常用于计算（以及网页设计中的颜色选择）。十六进制数用数字和字母0123456789ABCDEF表示。例如，"C"表示数字12，"10"表示16。

Java　与客户端-服务器应用程序相关的编程语言，有着"一次编译，到处运行"的设计特点。

低级语言　对计算机本身的编程概念几乎没有改变，如汇编语言、机器语言。

机器语言 可输入系统运行的最低级计算机语言。机器语言（通常为二进制）很难编写，且无法移植至其他系统，但能让程序员尽快进行操作。与之相比，汇编语言（一些人类可读的指令）的编写稍微容易一点，但二者结构相似。

开放源码 开发人员向他人提供源代码的项目（尽管不一定是免费的，但开放源码更多的是为了提高兼容性）。

Python 1991年首发的面向对象的高级解释型编程语言，其设计目的是在字符之间留有空格以提升代码的易读性。具有C语言和C++语言的集成功能。

Ruby 为Web应用程序提供框架的语言。尽管Python、PHP、Node JS和JavaScript已经更加流行，但Ruby仍被应用于某些程序的编写中。

服务器 向其他任何（本地网络或互联网）计算机提供数据的计算机。常见的服务器有网站服务器（网页）、邮件服务器（电子邮件）和文件服务器（大规模、常用的备份文件存储器）。

Smalltalk 一种面向对象的编程语言，由施乐帕克研究中心在基于Windows操作系统的计算上开发而得。

源代码 在编译语言中，这是编写程序所用的相对易读的语言。

堆栈寄存器 如果代码要按顺序在计算机内存中运行，那代码也必须保存在该内存中。堆栈寄存器让这些代码像行号一样井然有序，便于查找。

变量 在程序设计中，所有被操作的数据都需要存储在计算机内存中。为每个数据段分配一个空间并指定一个名称，以便程序访问——这就是变量。

施乐帕克研究中心 办公设备公司（施乐公司）的一个研究机构，艾伦·凯（Alan Kay）等在这个研究中心开发了著名的图形用户界面（graphical user interface，GUI）。他们的工作"启发"了史蒂夫·乔布斯（Steve Jobs）等人，乔布斯曾说"施乐公司本可以拥有整个计算机行业"。

汇编语言

30秒探索编程简史

3秒钟精华

汇编语言高效、简洁，因此常被用于嵌入式智能设备（例如智能恒温器）和有高速移动操作需求的电子游戏。

3分钟扩展

汇编语言和机器语言是低级语言。人类很难理解低级语言的编写方式。与之相对应的是用英语单词编写的高级语言（如Python和Ruby）。高级语言是抽象的低级概念（如内存管理），用高级语言编译的相同代码能够在不同的处理器上运行。低级语言编译的代码针对特定硬件，能让处理器发挥最佳性能。

代码是计算机的指令。然而，人类语言与计算机语言不同。计算机的中央处理器接收二进制指令或机器代码：0和1。不同的处理器家族无法通用一种机器代码：每种类型的中央处理器（例如Intel处理器或ARM处理器）都有自己特定的硬件和体系结构，并且只认识相应的机器代码。人类也很难直接使用机器代码。汇编语言解决了这一问题，使得我们人类能够编写可读性更强的指令，这些指令与处理器本身理解的指令如出一辙。我们使用助记符编写汇编语言中的一系列语句。每个语句都由一个操作码和一个操作数组成。操作码指定处理器应执行的一个操作，如定义一个变量。操作数通常是十六进制数，能显示处理器存储数据的位置或为处理器提供执行指令所需存储的数据。计算机可以通过汇编器将汇编代码直接转换成机器代码。一旦转换完成，计算机就能够重复运行机器代码，而无须重新进行汇编。

相关话题

另见
编译代码 第48页
面向对象程序设计 第50页

3秒钟人物

莫里斯·文森特·威尔克斯
Maurice Vincent Wilkes
1913—2010

英国计算机科学家、图灵奖获得者，提出了微代码的思想：这是中央处理器和程序员之间的一个组织层，也是汇编语言的基础。

本文作者

苏泽·沙尔德洛
Suze Shardlow

汇编语言架起了人类语言与机器代码之间的桥梁。

```
                      * CALLS: none
                      * DESCRIPTION: Gets 1 character from terminal

010 B6 80 04   INCH      LDA A   ACIA        GET STATUS
013 47                   ASR A               SHIFT RDRF FLAG INTO CARRY
014 24 FA                BCC     INCH        RECIEVE NOT READY
016 B6 80 05             LDA A   ACIA+1      GET CHAR
019 84 7F                AND A   #$7F        MASK PARITY
01B 7E C0 79             JMP     OUTCH       ECHO & RTS


                      ****************************************
                      * FUNCTION: INHEX - INPUT HEX DIGIT
                      * INPUT: none
```

Fortran：第一种高级语言

30秒探索编程简史

Fortran是"formula translation"（公式翻译）的缩合词，这是IBM于20世纪50年代开发的一种通用编程语言。1957年，IBM的约翰·W.巴克斯发起了一个项目，Fortran就是这个项目的成果。巴克斯当时意识到，用汇编语言编写计算机程序会导致调试过程不合实际，不利于计算机的销售。格雷斯·霍珀博士在进行哈佛大学马克1号计算机的相关工作时，发明了计算机中的汇编器，从而改良了一些令人讨厌的跟踪内存地址的编程机制。1952年，她设计了计算机语言算术语言版本0（Arithmetic Language version 0），简称A-0。由于汇编指令与处理器中的指令是直接一一对应的，汇编语言更易于理解。A-0是第一种没有做到一一对应的语言，其中一些简短的指令可能对应处理器中的数条指令。这反过来就需要编译器的帮助，将A-0语言转换成汇编语言。霍珀也发明了第一个编译器。但是，并非所有的同事都对霍珀的发明表示认可。她说："我有一个能够运行的编译器，但没有人愿意用它。"不久之后，巴克斯就通过IBM的项目开发出了Fortran，这是一种常见于穿孔卡片的语言（每张卡片一个语句）。

相关话题
另见
汇编语言 第40页
格雷斯·霍珀 第44页

3秒钟精华
高级语言从组件内部的机电开关上提取用户指令。

3分钟扩展
所谓的"高级"语言的创建过程就是成功地将转换器或编译器的概念引入计算的过程。经过编译的代码是"用户"和"开发者"之间的一堵人造墙，而现代系统不一定能够直接访问程序的原始代码（源代码）。

3秒钟人物
约翰·W. 巴克斯
John W. Backus
1924—2007
开发了高级语言Speedcoding和Fortran，其中Fortran是第一种被广泛使用的高级语言；曾获图灵奖。

本文作者
亚当·朱尼珀

格雷斯·霍珀博士设计了计算机语言 A-0 并发明了第一个编译器。

1906 年 12 月 9 日
出生于美国纽约

1934 年
获得耶鲁大学数学博士学位，该大学在过去 72 年中只向 1279 名学生授予了这一学位

1940 年
第二次世界大战期间，34 岁的她想加入美国海军，但由于年龄太大，遭到了拒绝

1941 年
在瓦萨学院任教 10 年后晋升为副教授

1944 年
成为哈佛大学马克 1 号（Mark I）计算机程序员

1947 年
发现一只蛾子卡在计算机继电器中，并解决了这一问题——至少在计算机领域内，她常被认为是"漏洞"（bug）和"调试"（debug）这两个术语的首创者，这只蛾子的遗骸被保存在史密森尼博物院内

1949 年
进入研发了第一台商用电子计算机 UNIVAC 1 的埃克特－莫契利电脑公司工作

1952 年
完成了"链接器"（或称"编译器"）的研发

1954 年
埃克特－莫契利电脑公司任命其为自动编程部主任

1959 年
数据系统语言会议发布了新的商业编程语言 COBOL

1967 年
在从美国海军预备队退役 1 年之后被美国海军召回

1986 年
在美国海军服役时间最长的军舰"宪法"号上举办了退役仪式

1992 年 1 月 1 日
于睡梦中与世长辞，享年 85 岁

格雷斯·霍珀

GRACE HOPPER

格雷斯·霍珀出生于纽约，其父母分别是苏格兰人和荷兰人。她是一名计算机科学家，是哈佛大学马克1号计算机的首批程序员之一，也是美国海军少将。霍珀的同事惊叹于她的这些成就，都称她为"天赋异禀的格雷斯"，尽管年轻时拆卸闹钟等物件的行为更能体现她的一技之长。

霍珀本科毕业于瓦萨学院，获得了耶鲁大学的硕士学位。第二次世界大战期间，她想要参军，但是遭到了美国海军的拒绝，因为34岁的她年龄太大且体重低于最低要求。然而，她进入海军预备队并成了班上的佼佼者。1944年，霍珀加入了美国海军船舶局设在哈佛大学的计算项目实验室，这让她后来又加入了由霍华德·H.艾肯（Howard H. Aiken）带领的马克1号计算机编程团队，霍珀和艾肯还合作撰写了3篇论文。第二次世界大战结束后，霍珀没有回到瓦萨学院当教授，而是根据与海军签订的合同留在了哈佛大学。

1949年，霍珀离开学术界，进入埃克特-莫契利电脑公司（Eckert-Mauchly Computer Corporation）工作，致力于开发市场上第一台大型电子计算机UNIVAC 1。公司中有人让她打消使用新的编程语言的念头，"因为计算机不懂英语"。但霍珀坚持己见，写了一篇有关链接器（编译器）的论文，设计了A-0语言，最终成功发明了第一个编译器。1959年，她开发了COBOL（Common Business-Orientated Language，通用商业语言），这一语言后来成了使用最广泛的计算机编程语言之一。

霍珀曾多次从海军退役，第一次是在60岁时根据规定以指挥官军衔退役。接着她被召回执行为期6个月的任务，后来任务期限被无限延长。1971年，霍珀再次退役，但1972年又被召回。最后，她于1986年退休，当时她是海军准将（也是当时最年长的现役军官）。

亚当·朱尼珀

过程语言

30秒探索编程简史

3秒钟精华
过程语言和堆栈类似,其中的所有指令都按序排列。

3分钟扩展
如果现代程序员称你的代码是"过程化"代码,这通常不是什么好话——这与早期的计算和程序有关,程序员认为其中充斥着goto语句,损坏了代码结构。实际上,过程语言作用很大,但Ruby等面向对象的语言在编程领域占据着主导地位。

计算机语言的语法随着语言本身的发展而发展,这种发展始于机器代码所描述的最为严格的低级操作。计算机语言的第一个发展成果是汇编语言,它支持代码重用和逻辑函数(如read命令和get命令)。这就是第二代计算机语言。第三代计算机语言(最初被称作"高级语言")是过程语言,因为它们的操作就像过程一样逐步进行。不同的语言使用的词汇各不相同,它们通常会被设计得更便于某领域的专家理解;较为著名的计算机语言有COBOL、Fortran、Basic和C语言(不是面向对象的C++语言)。为了确保过程可以按顺序进行,并能够快速移动至程序中的另一点,过程需按序排列。这意味着当程序在被处理器执行之前被移动到随机存取内存(RAM)中时,行号或等效行号可以被转换为内存地址。这反过来意味着内存中的一个区域被指定为"堆栈寄存器"。换言之,如果将内存中的过程程序视为一个表,那么该表的第一列就是堆栈寄存器。

相关话题
另见
汇编语言 第40页
Fortran:第一种高级语言 第42页

3秒钟人物
约翰 · G. 凯梅尼
John G. Kemeny
1926—1992
匈牙利裔美国人,爱因斯坦的数学助理,达特茅斯学院第13任院长,与他人共同开发了Basic编程语言。

托马斯 · E.库尔茨
Thomas E. Kurtz
1928—
Basic编程语言的共同开发者,负责达特茅斯学院具有开创性的多学科信息系统计划。

本文作者
亚当 · 朱尼珀

过程语言逐步运行,与堆栈类似。

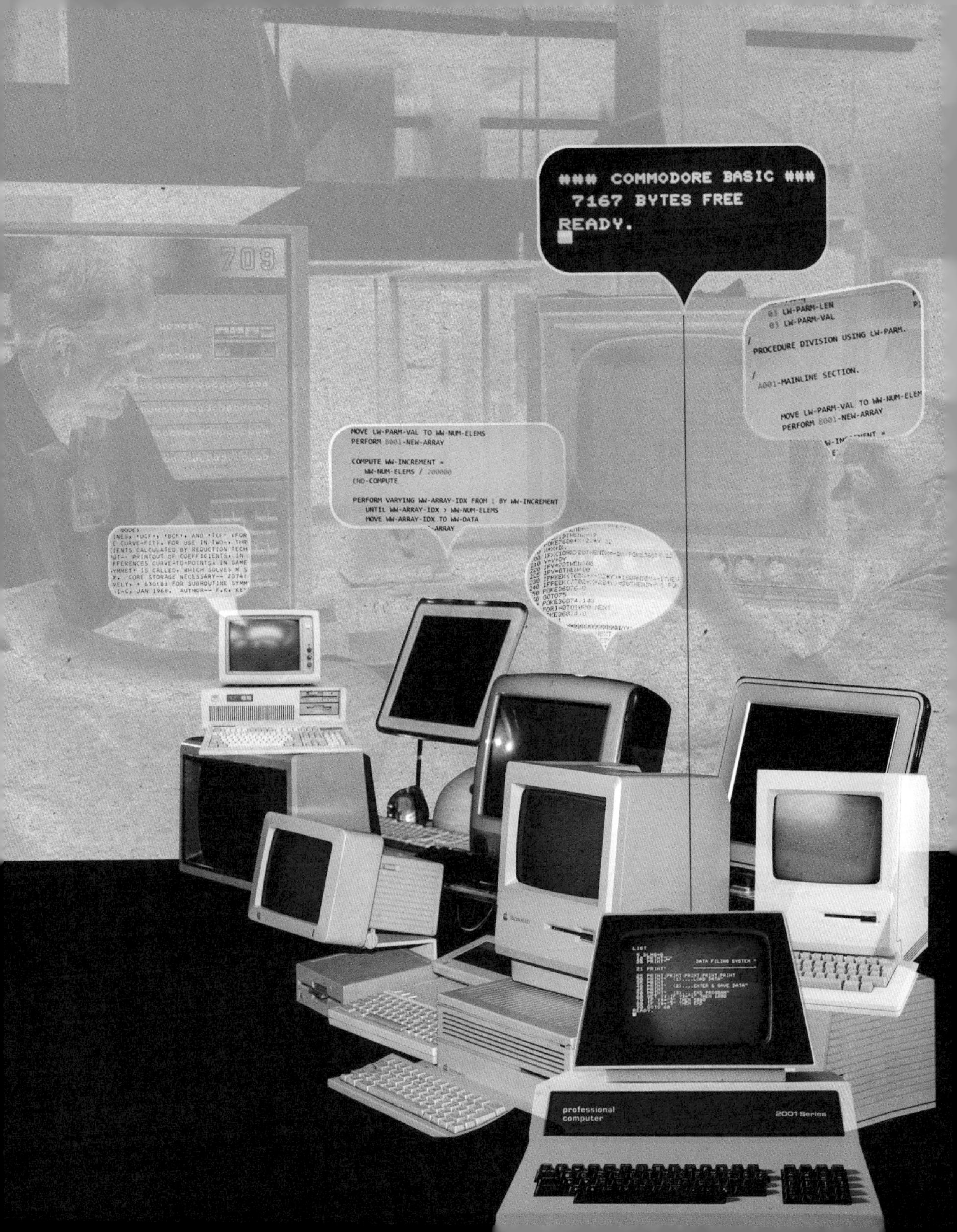

编译代码

30秒探索编程简史

相关话题

另见

汇编语言 第40页

Fortran：第一种高级语言
第42页

让代码具有可移植性
第78页

3秒钟人物

丹尼斯·里奇
Dennis Ritchie
1941—2011

与肯·汤普森一起获得了图灵奖，设计了C语言，并在UNIX操作系统的开发中发挥了关键作用。

肯·汤普森
Ken Thompson
1943—

计算机科学领域的先驱，在贝尔实验室设计了B语言（C语言的前身），为UNIX操作系统的开发做出了贡献，并在谷歌和他人一同开发了Go语言。

3秒钟精华

编译器将用高级语言编写的代码转换为可执行的机器代码，以便处理器理解并直接执行。

3分钟扩展

编译代码既有优点，也有缺点。程序经过编译后会被转换成处理器可理解和执行的机器代码，因此能够运行得更快。但是，对于计算机程序员来说，编程一运行一调试周期可能会变慢，因为编译需要时间。此外，不论我们每次对源代码进行了多少的更改，代码都需要被再次编译。

计算机处理器只能理解机器代码，而无法理解C语言或Go语言等高级语言。然而，许多编程工作（如Web开发或移动应用程序开发）都涉及高级语言。程序员编写的源代码需要被转换为机器代码，才可供处理器执行。一种转换方法是利用编译器进行转换。编译器能够将源代码转换为机器代码以供执行。编译成功后会生成一个可执行文件，这就是处理器能够直接执行的文件。某些错误（如标点符号的遗漏）会在编译过程中被检测出来。我们必须在编译器输出可执行文件之前修正这些错误。这一过程允许在执行代码之前发现并排除此类错误，以提升其可靠性。在这一点上，转换代码就像烤蛋糕。我们通常不会将原料分开食用，而是会按照食谱将原料混合，接着把混合好的原料放进烤箱。然后，我们就可以开始等待，看看我们的方法是否有效。如果蛋糕成品不错，我们就可以吃了。如果成品不怎么样，我们就需要重新称重并混合原料，接着重新烘焙。

本文作者
苏泽·沙尔德洛

编译器将源代码转换为处理器可以理解并直接执行的机器代码。

面向对象程序设计

30秒探索编程简史

代码通常接收并处理数据，然后输出结果。面向对象程序设计是一种编程架构，其中的数据及其相关代码都位于一个对象中。这种排列方式有几大优点：可重复使用、可读性强、性能更好以及调试和维护更方便。我们定义对象的类、属性和方法。类是一个模板，客机就是一个类。类中的每个对象都有其属性，客机的属性是机型、机翼、座椅、发动机和燃料容量。最后，方法是操纵每个对象的代码，如计算燃料消耗量。我们可以通过继承（面向对象程序设计的四大原则之一）从"父"对象（波音747-400）创建"子"对象（波音747-400ER、747-400ERF、747-400F），以减少重复。如无其他说明，属性或代码就会重复。面向对象程序设计的第二个原则是多态，指为每个子类（如计算航程和飞机重心）定义具体的方法。第三个原则是封装，能够保护对象的属性不被外部修改（飞机上的发动机数量保持不变）。第四个原则是抽象，这意味着能够在不了解其他方法的前提下进行操作：我们可以在不知道机翼如何存储燃料的情况下计算燃料消耗量。

3秒钟精华
面向对象程序设计语言和其他语言一样都具有变量和过程，但它为代码和数据的重复使用提供了更多工具，包括类、对象和继承等。

3分钟扩展
开发面向对象程序设计语言旨在方便编写大型程序。随着代码变得越来越长、越来越复杂，任何修改都可能导致一连串的漏洞出现，而这些漏洞又很难定位和修复。抽象和封装使程序员能够专注于特定的代码单元，提升效率。常用的面向对象程序设计语言包括C语言、C++语言、Java、Python和Smalltalk等。

相关话题
另见
过程语言 第46页
代码库 第52页

3秒钟人物
艾伦·凯
Alan Kay
1940—

图灵奖得主，领导施乐帕克研究中心的团队开发了面向对象程序设计的语言Smalltalk和图形用户界面；显然，他很后悔在这一背景下创造了"对象"这一术语，用他的话来说，"重要的是'传递信息'"。

本文作者
苏泽·沙尔德洛

继承是面向对象程序设计的四大原则之一，可用于从"父"对象创建"子"对象。

代码库

3秒钟精华

编程中的库是可重复使用函数的集合。你可以根据自己项目的规模，选择简单或复杂的方法管理这些库。

3分钟扩展

一些代码库通过"链接器"而非源代码进行运作，其运作方式并不是在将源代码编译成机器代码前向程序中插入额外的源代码。所有代码库其实都可链接至预编译的二进制机器代码。新程序被编译成二进制文件后，这些代码也会被以二进制的形式添加进文件，以节省处理时间。

库的核心其实只是一些书面形式的软件函数，你可以在开始编写新程序时重复使用这些函数：选择将你所编写的函数拷贝在一个长文本文件中，然后在开始编写新程序时进行复制粘贴——这个长文本文件就是一个简单的库。随着时间的推移，这种方法会变得更难操作，但程序员可以在主题库文件中准备好预编程工具，并链接所需内容。计算机的操作系统可能还包括本地库，软件在运行时就可以访问这些库；关键在于库中的"对象"要适用于所有需要它的程序。程序员和企业等实体可以通过公共代码库共享技术（或至少愿意共享一部分内容），所以程序员之间经常使用开放源码共享代码。公共代码库潜力巨大，但其涉及的实体越多，一层代码的更新给另一层代码带来的影响可能就越大，这就是版本跟踪和控制系统（如微软的GitHub）的市场所在。

相关话题

另见

函数 第76页

AI：人工智能 第138页

本文作者

亚当·朱尼珀

代码库是可重复使用函数的集合，可在开始编写新程序时使用。

arrangeDate

toMillimeter (15)

function sortAge

email

findPage

getGrades

function

function

function

function

function

在云端运行代码

30秒探索编程简史

3秒钟精华
云计算由各台虚拟计算机服务器完成,因此你可以按需运行程序。

3分钟扩展
虚拟专用网络(virtual private network,VPN)诞生于20世纪90年代,其功能是平衡计算机服务器的负载和成本(通常与云捆绑营销)。2006年,亚马逊推出了一项通过Web接口实现这一功能的服务,即亚马逊网络服务(Amazon Web Services,AWS),或称"弹性计算云"服务。2010年,该公司将亚马逊网站移至该服务系统中。

以在线游戏(如电子邮件象棋)为例,我们需要第三台连接玩家的计算机,它负责设置棋盘,并在轮到每位玩家下棋时向他们发送电子邮件。这台计算机是服务器,玩家的计算机是客户端。这就是网络数十年以来的工作方式:我们向服务器发出请求(如网页),接着服务器就会从网络附接存储中获取网页并发送。如果一位玩家去度假而没有回应会发生什么呢?这会让服务器在这段时间内处于闲置状态,既费能源,又费钱,而现代应用程序的设计可以解决这个问题。虚拟机拥有一小部分计算能力,我们在需要时可以付费使用。如果我们周末需要服务器,就可以向服务器池申请一台,使用完毕后再将其归还至服务器池中。这个过程甚至可以自动进行,因此客户在提出动议后,服务器就会在不到1秒的时间内启动并处理动议,并仅就该时段向游戏发起者收费。接着,游戏可扩容至数十万人同时参加,既不会产生容量上限问题,也不会产生资源浪费问题。

相关话题

另见
面向对象程序设计 第50页
用户界面与用户体验 第88页
数据库运行:CRUD操作
　第92页

3秒钟人物
安迪·贾西
Andy Jassy
1968—
美国企业家、亚马逊网络服务首席执行官和联合创始人,2021年7月5日出任亚马逊首席执行官。

本文作者
马克·斯特德曼
Mark Steadman

有了虚拟云服务器,随时随地都可以运行程序。

代码概念 ◐

术语

抽象 在程序设计中，抽象是指编写代码以帮助用户利用自己的计算机操作系统处理问题——该方法有助于编写能在多个系统上运行的程序。

算法 计算机领域的数学术语，该术语经常被过度简化。例如，人们常说谷歌算法单一，殊不知谷歌的网站排名是多种算法的综合结果。

应用程序接口（API） 能让一个项目开发商创建可以与其他项目开发商通信的软件。大公司会通过应用程序接口向小型开发商提供服务（并借此激励它们选择自己公司的系统）。

Basic 初学者通用符号指令代码——诞生于1964年的一种编程语言，是许多人接触到的第一种编程语言。

C语言 最早的编程语言之一，是Python的基础。由于诞生较早，C语言比Web应用程序更适合用于硬件编程。C++语言是C语言的现代扩展，确实有被应用于计算机游戏和模拟中。

调用 使用函数。

跨平台 软件或文件能在多种计算机操作系统上运行。

定义 在内存中分配一个空间来存储一个变量（一段数据）。

浮点 能够表示很大的或很小的实数的数学方法，其形式为尾数乘以基数的指数次幂，如 $2.5951 \times 10^4 = 25951$。你也可以限制尾数的位数，以减少计算机的总计算量，比如，限制尾数只能保留小数点后三位，就只需要记录 $2.595*10^4$（代码中用"*"表示乘号）。

GNU 一个类似UNIX的免费操作系统，包含许多免费的相关程序。这个操作系统是理查德·斯托尔曼（Richard Stallman）在麻省理工学院取得的一个项目成果。GNU代表的是"GNU's Not UNIX"，强调的是这一系统不含UNIX代码。

整数 一个完整的数字或不带有分数的数字——1、3、10、345都是整数，而3.45不是整数。

Java 与客户端-服务器应用程序相关的编程语言，有着"一次编译，到处运行"的设计特点。

JavaScript 最流行的用于开发交互式Web内容的语言之一。该语言还有很多扩展功能。如果浏览器认为某个JavaScript窗口是弹窗或存在其他安全问题，那么该窗口可能会被拦截。

嵌套 一个元素包含在另一个元素中，就像计算机驱动器上的一个文件夹包含在另一个文件夹中一样。许多计算机语言中的指令也能嵌套使用。

开放式图形库（OpenGL） 用于渲染2D、3D图形的跨平台应用程序接口。2006年，美国硅图公司将其转让给一个非营利管理团队。自2016年起，Vulkan已经取而代之。

输出 来自计算机的信息——这类信息不需要打印或存储在磁盘中；在屏幕上显示也叫输出。

像素 图像元素（picture element）的简称，是计算机显示器（或图像文件）上显示的最小单位。

精简指令集计算机（RISC） 执行的指令较少，因而运行速度更快的处理器。

固态硬盘（SSD） 数据存储速度快，不含活动组件。

语句 一行表示指令的正确编写的代码。

UNIX 由美国电话电报公司的工作人员开发的一个操作系统，其商标后来被授权给了其他公司。

虚幻引擎 一个代码库，最初为第一人称游戏《虚幻》（Unreal）的设计和运行所编写。后来，其他开发人员也能付费使用这个代码库。

虚拟机 在另一台计算机上运行的模拟计算机系统。这一系统既能推动计算机功能成为商品，也能让你使用原本无法在你自己的计算机系统上运行的软件。

二进制与位

30秒探索编程简史

一个包含1和0的字符串与全色图像截然不同。1和0本身就是表征——在处理器中，电流通路和电流断路分别表示1和0。然而，代码需按照既定的系统或格式编写才能呈现图像。第一步通常是确定基本要素（图像大小），接着开始连续描述每个部分。图像中的每个部分即像素，每个像素的亮度由一个数字表示。如果一个像素占"1位"，就意味着每个像素只可能是1或0这两种值。因此，就纯黑白图像而言，0表示黑色，1表示白色。但如果一个像素占8位（1字节等于8位），那么每个像素就会有从00000000到11111111的256种颜色，简单来说就是2的8次方（2^8）种颜色。如果你想用代码呈现彩色图像，就可以用红色、绿色和蓝色（它们被称作加色，如果这三种颜色都100%显示，那么合成显示的是白色）来表示大多数颜色。因此，如果每个像素占8位（8位二进制数），用三种颜色表示，那么你就会得到1680万种可能的颜色。

本文作者
亚当·朱尼珀

全色图像由二进制数所表示的像素组成。

数据类型

30秒探索编程简史

3秒钟精华
在众多计算机语言中，计算机倾向于明确一段数据（如数值或字符串）的类型；这能让计算机知道应如何使用这些数据。

3分钟扩展
布尔值和其他数据类型不同，它只可能是"真"或"假"。布尔值控制着代码的运行：它决定了通过if-then-else块的路径以及是否继续重复执行某个循环。如果你在自己的跑步应用程序中新加上5000米的用时，代码就会使用布尔值来存储你是否达到了个人最佳成绩这一信息，并确定你是否取得了新的成就。

在编程时，我们必须明确正在处理的数据是何种类型，以便对它们进行处理。举个例子，如果我们需要处理一个很长的数字序列，如15554377439，我们就必须明确这个序列是数值还是电话号码。这是为什么呢？因为如果我们确定了变量的数据类型，我们在使用高级语言编写代码时，就能知道要在编译器或解释器中分配多少内存、变量在内存中所占的位置可以存储哪些值，以及应该允许对变量执行哪些操作。因此，如果我们要处理的长数字序列表示数值，我们就可以对它进行计算。但如果它是字符串，那其中的数字就是一个个字符。字符串属于复合数据类型，这种类型还包括数组（可混合的一组数据项，如单词和数字）和对象（例如包含已配对的姓名和电话号码的电话簿）。基本数据类型包括数值（整数和浮点数）、字符（包括字母、数字和计算机能识别的其他符号）和布尔值，它们组成了复合数据类型。

本文作者
苏泽·沙尔德洛

明确一段数据（如数值或字符串）的类型能让计算机知道应如何使用这些数据。

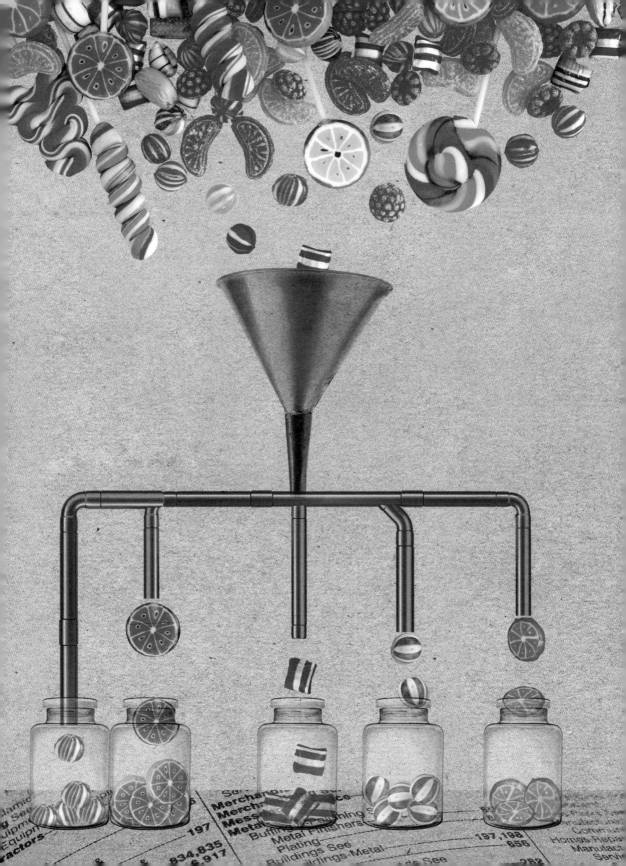

1969 年 12 月 28 日
出生于芬兰赫尔辛基

1988 年
进入赫尔辛基大学就读

1991 年
公开发布 Linux 操作系统
的第一个原型

1993 年
在他开设的计算机实验室
入门课程中结识了他未来
的妻子、空手道冠军托
弗·蒙尼（Tove Monni）

1994 年
Linux 系统 1.0 版本于 3 月
14 日公开发行

1996 年
直径 4.6 千米的小行星
9793 以他的名字命名

1997 年
移居美国加利福尼亚州，
进入半导体公司全美达
（Transmeta）工作

1999 年
被《麻省理工科技评论》
评为全球 35 岁以下的顶尖
创新者之一

1999 年
红帽公司（Red Hat）和
VA Linux 公司发行股票，
这两家公司的市值一度超
过 2000 万美元

2003 年
转入开放源码开发实验室
（现为 Linux 基金会的一
部分）工作

2010 年
成为美国公民

2012 年
和另一人共同获得奖
金 100 万欧元的千禧
年科技奖（Millennium
Technology Prize）

2018 年
宣布休息一段时间，目的
是寻求"帮助，以更好地
理解人们的情绪，做出更
好的反应"

莱纳斯·托瓦尔兹

LINUS TORVALDS

莱纳斯·托瓦尔兹是芬兰裔美国人。早在1981年，年仅11岁的他就已经表现出了对编程的兴趣。他很快就学会了Basic，还能够通过机器代码直接访问他的Commodore VIC-20计算机的6502处理器。1988年，他进入赫尔辛基大学就读。1996年，托瓦尔兹不仅获得了计算机科学专业硕士学位，而且对全球计算机领域产生了深远影响。

大二一整年，托瓦尔兹几乎都在服兵役，这是芬兰的义务兵役，但是他也抽出时间阅读了关于MINIX操作系统（精简版UNIX操作系统）的书。因此，在他1990年真正接触到UNIX操作系统时，修改该操作系统的想法就已经浮现在他的脑海之中。显然，MINIX操作系统的授权条款也令他不胜其烦。托瓦尔兹的硕士论文题目是《Linux：一种可移植操作系统》（Linux: A Portable Operating System）。UNIX的版权历史十分复杂。最初，由于美国电话电报公司的贝尔实验室被判定违反了《反垄断法》，该实验室的UNIX版权被剥夺，贝尔实验室也从美国电话电报公司中分离出来。始于1984年的GNU项目一直致力

于建立一个基于UNIX的完整且免费的计算机系统。托瓦尔兹曾表示，如果GNU操作系统在1991年能运行得更好，他就不会去开发自己的系统，但在1991年1月，他开始开发自己的Linux操作系统，并于同年晚些时候加入了GNU项目。在那之后，他在GNU的合法版权协议下发行了Linux的内核（核心）。

现在，托瓦尔兹已经通过他的公司Linux商标协会（Linux Mark Institute，LMI）拥有了Linux商标。在Linux基金会的赞助下，他为改进这一操作系统而殚精竭虑。在和Linux开发者的交流中，他不止一次与他人意见相左，而且口若悬河，还称自己是一个"非常令人讨厌的人"。2018年，在接受了《纽约客》的采访后，他甚至暂时退出了有关Linux内核的工作。

亚当·朱尼珀

数据结构：数组

30秒探索编程简史

3秒钟精华

数组通常包含许多相同类型的数据项，它们被连续存储在内存中。我们会预先确定需存储元素的数量。

3分钟扩展

计划数组中需存储的元素数量至关重要。如果我们分配了过多空间，那么内存就无法得到有效利用。如果我们需要存储的元素数量大于计划中的数量，我们就得再花时间采取补救措施：创建一个长度正确的新数组，并将所有数据复制到该数组中。如果我们的播放列表中有20首歌曲，那问题还不大，但如果我们要跟踪全球售票情况，那速度就会很慢。

编程中的"数组"是一组特定类型的数据项。它是一种特殊的变量，能让我们存储多条信息。最简单的数组形式是一组按字符串分组的单词，比如你收藏的某个乐队的曲目列表。数组包含其他数据类型（如整数）或数据结构（如其他数组和对象）。当我们定义一个数组时，我们会明确这一数组包含的元素类型和最大数量。接着，系统会将这些数据项存储在连续的内存块中，这有助于我们检索并获取现有的数据项或快速添加新数据项。我们可以通过其位置（索引）来访问数组中的每个元素。因此，如果我们要在小型表演中播放歌曲，我们可以输出前3首歌曲；如果我们要在婚礼上播放歌曲，我们可以输出前20首歌曲。如果我们学习了一首新歌，我们就可以将它插入曲目列表中。我们也可以删除已经听厌了的歌曲。如果这些歌曲在数组的开头或中间，那么所有元素都要向左移动以填补间隙，从而保持元素的连续性。

相关话题

另见
二进制与位 第60页
数据类型 第62页
变量 第68页

3秒钟人物

约翰·冯·诺伊曼
John von Neumann
1903—1957
匈牙利裔美国博学家，编写了第一个数组归并排序的程序。

本文作者

苏泽·沙尔德洛

数组允许我们存储多条信息，如曲目列表。

变量

30秒探索编程简史

编程中的变量让我们能够方便地标记信息片段在内存中的位置，从而可以找到它们并进行操作。例如，我们的程序要求用户提供用户名和位置。在用户提交这些信息之后，我们可以将这些不同的值赋给已命名的变量：currentUser（当前用户）="Suze"（苏泽）和currentUserLocation（当前用户位置）="Europe"（欧洲）。计算机将这些值存储在每个变量所在的内存位置中。这样一来，我们就可以根据用户名和用户所在时区的时间，选择合适的时间点问候他们。在定义变量时，我们可以决定变量的值是否可以被修改。我们还需要确定变量的域：在程序中能够访问、使用变量的区域。有些变量具有全局域，因此代码中的所有位置都可以使用这些变量。其他变量的域仅限于特定的代码块。例如，currentTime（当前时间）这一变量可能只存在于确定用户所在时区的时间是早晨还是夜晚的函数中。除了名称和值以外，大多数编程语言中的变量也有不同的类型。例如，"整数"类型的变量包含整数值。

相关话题
另见
二进制与位 第60页
数据类型 第62页
数据结构：数组 第66页

本文作者
苏泽·沙尔德洛

3秒钟精华
变量将有意义的名称与存储程序所需信息的内存位置关联起来了。

3分钟扩展
可读性在编程中十分重要。因此，我们应该为变量赋予有意义的名称，比如"当前用户"，这样才能让代码库的所有相关工作人员知道软件目前在做什么。我们也可以用变量代替计算中的数字。例如，如果我们有一组5000米赛跑用时的数据，我们可以将最短的比赛用时存储在名为"个人最好成绩"的变量中，并将之与其他用时数据进行比较。

变量有助于方便地标记用户名、时间、位置等信息片段的内存位置。

if-then-else：条件语句

30秒探索编程简史

相关话题
另见
循环与迭代 第72页
函数 第76页

本文作者
苏泽·沙尔德洛

3秒钟精华
如果冰箱里有鸡肉，那么我们就可以把鸡肉当作晚餐，否则我们就要打电话订比萨。

3分钟扩展
我们可以使用条件语句向计算机发出指令，让计算机向前或向后移动到程序中的某个部分。因为条件语句在判断结果为真的前提下才会执行更多代码，所以它是循环与迭代的基础：如果某个条件没有得到满足，那程序就会返回并重复某个步骤。

功能并不强大的程序无法接收输入。除这种情况外，程序的运行都由我们的输入决定。条件语句是算法的重要组成部分，能让我们确定在某些条件为真的情况下计算机必须做什么。如果没有条件语句，我们可能无法得到预期的结果。在这种情况下，可能什么都不会发生，一切也皆有可能发生，错误的结果也可能会出现。以订外卖为例，我们的首选是鸡肉和薯条。因此，如果这是真的，那么我们就会下单，否则我们就要看看有没有鱼肉和薯条卖。如果我们也买不到鱼肉和薯条，那么我们就看看有没有比萨卖。如果也没有比萨，那么我们就什么都不买，吃冰箱里的东西。如果我们不定义这些语句，我们的选择就会受限。然而，在给这些食品排序之后，如果我们买了排在第一位的食品，我们的选择也会受限。我们可以用流程图来实现这个代码块的可视化。条件语句意味着我们不需要运行不必要的代码，而是可以根据自身情况跳转到程序的不同部分。

条件语句这一关键组成部分有助于程序实现预期的结果。

循环与迭代

30秒探索编程简史

相关话题
另见
if-then-else：条件语句
  第70页
函数　第76页
让代码具有可移植性
  第78页

本文作者
苏泽·沙尔德洛

3秒钟精华
循环使我们能够在无须重复执行代码的情况下不断地重复某些过程。

3分钟扩展
我们可以让语句在某一点停止循环。但如果我们不这么做呢？那么语句就会陷入无限循环。这通常会让我们的程序崩溃。然而，我们有时会希望实现无限迭代。例如，如果我们通过编程让中央供暖系统每天都在特定的时间启动，我们就会希望该循环中的序列在程序运行期间保持迭代。

编程其实就是进行自动化操作以提高效率。即使是最小或最简单的程序，其中也存在循环，因此我们无须再进行编程就可以重复执行相同的代码。例如，假设我们正在进行半程马拉松训练，打算编写一个应用程序来跟踪我们跑步的次数。如果我们想在应用程序的主页上查看有关跑步的详细信息，我们就要通过一些代码来查看存储的数据、选择跑步日期和距离并将其输出。为了得到一长串有关跑步的数据，我们需要在所编写的代码中使用循环。这样一来，程序在第一次输出后，就会返回以查找并输出下一条数据，如此循环往复。如果我们不想让循环无限进行下去，我们就会在对数据集中所有数据都完成操作，并且迭代次数达到规定或是某个条件得到满足后停止循环。因此，你可以输出所有跑步记录，也可以只输出最近10次的跑步记录，或是输出总里程达100千米的跑步记录。

设置代码循环可以让我们查看已存储的数据，以及选择跑步的日期和距离。

1950 年 8 月 11 日
出生于美国加利福尼亚州
圣何塞市

1969 年
被科罗拉多大学博尔德分
校开除

1971 年
进入加州大学伯克利分校
就读，和他的朋友比尔·费
尔南德斯（Bill Fernan-
dez）一起制成了"奶
油苏打电脑"（Cream
Soda）

1975 年
测试了第一台可运行的苹果
一号（Apple Ⅰ）原型机

1976 年
乔布斯和沃兹尼亚克创立
了苹果电脑公司；同年晚
些时候，英特尔前员工
迈克·马尔库拉（Mike
Markkula）提供了大量投
资

1977 年
在西海岸电脑展和《字节》
（Byte）杂志上推出了苹
果二号（Apple Ⅱ）

1980 年
苹果电脑公司上市，两名
创始人跻身百万富翁之列

1981 年
沃兹尼亚克和他当时的未
婚妻等人所乘坐的飞机失
事

1985 年
获得美国总统颁发的国家
技术奖章

1986 年
以他的名字命名了斯蒂
芬·G. 沃兹尼亚克成就奖，
以鼓励创新

1987 年
沃兹尼亚克自己的公司发
明了首个可编程通用遥控
器

2011 年
苹果公司超过埃克森美孚
公司成为全球最大公司

2015 年
塞斯·罗根（Seth Rogen）
在电影《史蒂夫·乔布斯》
中饰演沃兹尼亚克，该电
影由丹尼·博伊尔（Danny
Boyle）执导、艾伦·索金
（Aaron Sorkin）担任编
剧

史蒂夫 · 沃兹尼亚克

STEVE WOZNIAK

史蒂夫 · 沃兹尼亚克出生证明上的名字是斯蒂芬 · G.沃兹尼亚克（Stephen G. Wozniak）。他是美国电子工程师、程序员，因和史蒂夫 · 乔布斯共同创建苹果电脑公司而闻名，尽管金钱似乎不是他创建苹果电脑公司的首要动机。在大学里，他经人介绍结识了史蒂夫 · 乔布斯。由于同对电子和恶作剧感兴趣，他们很快成了朋友。不过，乔布斯多多少少比沃兹尼亚克更有商业头脑。1971年，沃兹尼亚克发明了一种蓝色小盒子，它可以让学生们免费拨打收费一度十分昂贵的长途电话。后来，乔布斯开始张罗以150美元的单价出售这些盒子。

2年后，在雅达利公司工作的乔布斯需要人帮助他完成一个技术项目。雅达利向他承诺，他每将《打砖块》（Breakout）游戏机中的芯片减少1块，就能获得100美元的奖金。乔布斯向沃兹尼亚克寻求帮助，并答应给他一半奖金。沃兹尼亚克缩减了50块芯片，但乔布斯并没有给沃兹尼亚克2500美元，而是撒谎说雅达利只给了自己700美元，所以他只给了沃兹尼亚克350美元。沃兹尼亚克10年后才得知这一事实。

1975年前，沃兹尼亚克和乔布斯都曾在惠普工作。沃兹尼亚克受到了家酿计算机俱乐部中的朋友的启发，用各个组件制造了一台计算机。但他的老板拒绝投资这一发明。此后，沃兹尼亚克和乔布斯卖掉了自己的财产以购买苹果一号的第一批电路板。最后，苹果一号的裸板被以500美元的单价出售给了电子爱好者，约卖出200部。1976年，苹果电脑公司成立，沃兹尼亚克开始研发苹果二号。乔布斯想要降低成本，但沃兹尼亚克威胁说，如果苹果二号没有8个扩充插槽，他就辞职走人。后来沃兹尼亚克占了上风。众所周知，1977年，苹果二号大获成功。

沃兹尼亚克也为早期麦金塔电脑的研发付出了心血，助力苹果二号收获了庞大的用户群，这奠定了苹果电脑公司的地位。1981年，沃兹尼亚克乘坐的一架轻型飞机失事，因此他暂时离开了计算机领域（尽管他确实想要举办摇滚科技节）。1983年，他回到苹果电脑公司担任工程师，同时避免接触该公司的管理事务。1985年，他出售了自己大部分的苹果电脑公司股份，最终再次离开了苹果电脑公司。目前，他因开展与技术有关的慈善事业而闻名，如协助创建电子前沿基金会（Electronic Frontier Foundation）、协助创办硅谷漫画展、创建在线学习平台"沃兹大学"（Woz U）以提供教育服务。

亚当 · 朱尼珀

函数

30秒探索编程简史

DRY原则是一个应用广泛的编程原则，意为"在编程过程中不写重复代码"（Don't Repeat Yourself）。大型程序通常需要反复执行相同的指令。然而，在理想情况下，代码需要具有可读性和可维护性。一个程序中的不同点上会有相同代码块的副本，这意味着如果要修改该代码，就要在它出现的每个地方都进行修改。为了不重写代码块且更好地管理它们，我们将这些代码块封装在函数（或子程序）中。每个函数都有一个名称，方便我们"调用"。接着，我们每次需要使用这些函数时都可以调用它们。函数的输出是通过在我们输入的参数或参数的上下文中运行函数所包含的代码而产生的一段信息。函数可用于重置棋盘，以便玩家开始新一轮游戏；也可用于计算玩家是否有效移动了棋子。函数内定义的所有变量都不能在函数外访问。将代码分解成函数可以让我们作为程序员独立地测试各个代码块。这意味着我们可以更容易地定义和测试代码块的变化范围，从而加快开发速度。

相关话题

另见

变量 第68页

循环与迭代 第72页

3秒钟精华
一个函数只有一个功能，其功能不应与其他任何函数的功能重叠。函数应该有一个描述其功能的独一无二的名称（例如ValidateMove，即验证移动资源）。

3分钟扩展
函数通常可以被嵌套在其他函数中，但情况并非总是如此（这取决于计算机语言）。因此，一个按年龄对猫进行排序的函数可以包含一个根据猫的出生日期计算其年龄的函数。前一个函数可以根据其嵌套函数的输出，按猫的年龄对其进行升序排列。

3秒钟人物
约翰·莫奇利
John Mauchly
1907—1980
美国物理学家，和他人共同设计了第一台可编程电子计算机ENIAC，并在1947年初阐述了编程函数（或过去人们所知的子程序）的简洁性。

凯·麦克纳尔蒂
Kay Mcnulty
1921—2006
ENIAC最初的6名编程人员之一，将子程序应用于弹道计算。

本文作者
苏泽·沙尔德洛

函数可用于重置棋盘、开始新一轮游戏或判断玩家的某步棋是否走对了。

让代码具有可移植性

30秒探索编程简史

3秒钟精华
同一种语言能够在搭载不同操作系统的计算机上编写代码，但仍会有冲突需要解决。

3分钟扩展
可移植性的一个常见解决方案是应用JavaScript（不同于Java）编写Web应用程序。出于安全考虑，这些程序在运行它们的计算机上的权限是有限的，但它们仍是跨平台程序。尽管JavaScript最初被用于Web的扩展，它也可以被抽象至本地虚拟机中。

长期以来，人类一直试图提升物品的便携性。让代码具有可移植性的目的并不是减小其体积、减轻其重量，而是为了使其具有通用性。由于不同的处理器具有不同的指令，编译合适的程序才能解决可移植性的问题。在理想情况下，同一段代码能够简单地以跨平台语言（因条件不同，可能用Java、C语言、C++等语言）编写而成，经过编译后在不同的计算机上执行。实际情况中却存在着阻碍因素——不同的操作系统执行代码的方式不同。在为搭载macOS操作系统的苹果电脑和搭载其他类型的操作系统的个人计算机编写应用程序时，我们可以选择尽量少使用单个操作系统的代码库，甚至可以编写自己的代码以执行某些功能，而这些功能会通过其他方式成为操作系统的内置功能（这被称作"抽象"）。虽然其结果可能会偏离任意一种操作系统的代码样式指南，但如果某个平台受到了某种变化的影响，那么代码受到的影响就会变小。代码库和函数可以解决这一问题，主程序可以利用特定的代码库在其主机上加载或保存文件。将代码编译到（已在每个系统上完成的）工作中的应用程序时，要交换相关的加载/存储库。开放式图形库等许多代码库都强调其跨平台特点。

相关话题
另见
代码库 第52页
函数 第76页

3秒钟人物
蒂姆 · 斯威尼
Tim Sweeney
1970—
美国程序员，开发并销售游戏制作工具，例如在1998年成功研发出赫赫有名的游戏《虚幻》系列的引擎。

本文作者
亚当 · 朱尼珀

让代码具有可移植性指让代码能够在不同的程序中实现通用。

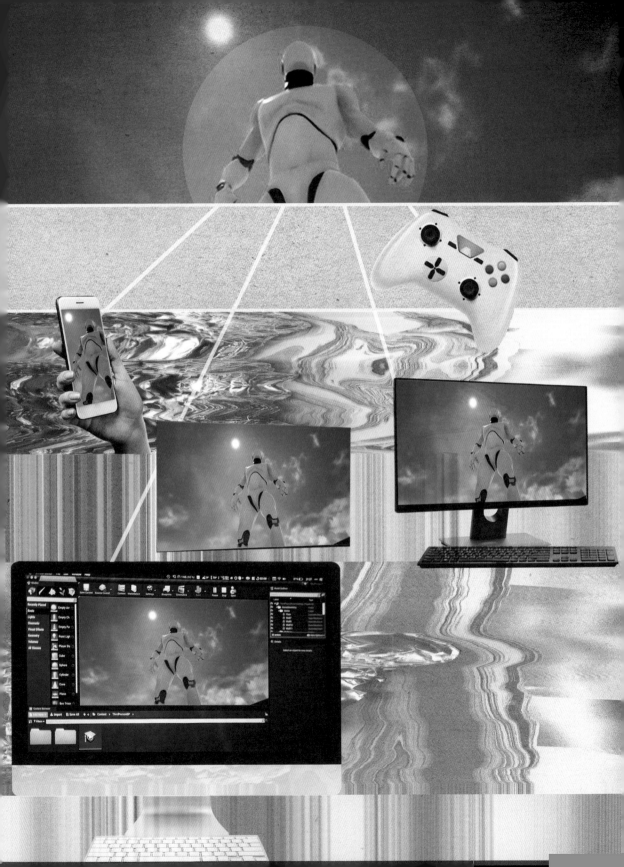

缓冲与缓存

30秒探索编程简史

3秒钟精华
缓存使系统之间的数据流趋于稳定；缓存关乎速度，缓冲关乎流量。

3分钟扩展
硬件缓存（如中央处理器中的缓存）由硬件管理，而一些级别的软件缓存还需由代码引导。一种行之有效的方法是用速度不同的硬件（固态硬盘、硬盘驱动器、远程驱动器）访问磁盘并将它们分别用于分层缓存。

对于火车来说，缓冲代表着线路终点。如果你想播放流媒体视频，缓冲则意味着令人厌烦的延迟。那么缓冲究竟是什么，它与缓存有何不同呢？答案是，它们各自代表着一种数据存储方式，目的在于简化从一个地方到另一个地方的数据流。想象一下，如果你颤抖着把水壶里的水倒入桶中——水会全部进入桶里，但可能会溅起水花。漏斗可以解决这个问题——如果漏斗颈的口径合适，将水以不均匀的速度倒入口径较宽的漏斗上端后，水会均匀地从口径较窄的漏斗下端流出。缓冲和缓存都是通过内存来实现这一效果的，但二者也有区别：缓冲与数据传输有关——在传输结束之际，所有数据都会通过缓冲区；而缓存只在需要提高效率时存在。处理器芯片中可能有一个专用的快速存储器，但如果指令速度没有快到需要使用这一存储器，这些指令就会直接进入处理器。缓存在网络上也很常见——网页可能被缓存在多个点上，这些点更靠近用户而非主机服务器。在编写程序时，开发人员必须采取合适的"策略"，以设定系统何时刷新其缓存文件。

相关话题
另见
汇编语言 第40页
最终一致性 第82页

3秒钟人物
约翰·科克
John Cocke
1925—2002
美国计算机科学家，1975年参与了IBM的801快速处理器项目，该项目首次实现了分离缓存，他因此被誉为"RISC架构之父"。

本文作者
亚当·朱尼珀

缓冲和缓存各自代表着一种数据存储方式，目的在于简化从一个地方到另一个地方的数据流。

最终一致性

30秒探索编程简史

3秒钟精华
大型数据库可以通过多台计算机并行以跟踪单项变化的数据。

3分钟扩展
最终一致性的前提在于有足够的服务器确保主数据库上的负载仍是单线程。因此，一些软件设计师也称其为"乐观复制"，其重点在于：从主数据库（或最新缓存）中获取数据时，追求的并不是科学上的精确性，而是寄希望于"最终结果都是好的"。

在社交媒体上，几乎一切尽在计算之中。观察一下优兔（YouTube）上的浏览量、推特（Twitter）上的点赞数等数字，你可能会发现它们的上升速度并不合理。你在电脑上查看这些数字之后，过一会儿再打开手机查看，你会发现点赞数可能减少了数万，但这不一定是因为人们点了"踩"。这是一个常见的（规模巨大的）多线程实例。一个传统程序（包含着一条接一条的指令）是一个单线程，但大型站点会在多台机器上同时运行多个这样的程序。有时，一项数据就举足轻重，因此（如果你正在销售限量产品）系统的构建就必须基于一个绝对准确的单线程。但就点赞数而言，许多临时服务器会先在自身线程中进行计算，接着再将总数发送至中心线程中相加。中心线程的数据可能略有滞后，但最终数据是精确的。点赞数也被存储在发送点赞数的临时服务器的缓存中，因此你看到的数字取决于缓存的更新时间。

相关话题
另见
数据结构：数组 第66页
变量 第68页
缓冲与缓存 第80页

3秒钟人物
维尔纳·沃格尔
Werner Vogels
1958—

亚马逊首席技术官，出生于荷兰，因创建分布式计算平台亚马逊网络服务、发表有关最终一致性的文章而闻名。

本文作者
亚当·朱尼珀

就点赞数而言，许多临时服务器可以计算自身线程数。

程序员的工作

术语

Ada语言 以埃达·洛夫莱斯的名字命名的编程语言。

断点 程序中的一个停止点（中断执行指令的序列，返回等待命令）。

计算机科学 与计算机相关的学术领域；起源于数学，因此相对于学习单一的编程语言，其学科领域更广。

控制台 计算机的纯文本界面，如Win32控制台（Windows操作系统）、终端控制台（macOS操作系统）。计算机正在执行的步骤会按顺序呈现在屏幕上，生成控制台日志，让这些步骤一目了然。

串联样式表(CSS) 与超文本标记语言相关的一种样式表语言，能够修饰字体、颜色等样式，可避免重复。

事件 许多新代码都是由事件驱动的，即程序中的某个点，需要等待某事件（如按下按钮）发生后方能启动。

旗标 具有开或关两种值（可能分别被写为1或0）的信息位，与表示异常的错误旗标相反。

超文本标记语言（HTML） 一种网页编程语言，用类似的代码标记开始，类似的代码标记结尾。

超文本传输协议（HTTP） 计算机用于共享网页的网络协议（一种通用的超文本标记语言文件寻址方法）。

超文本 带有链接的文本，点击链接可进入另一个文本页面，如网页。

互联网 由阿帕网（Arpanet）发展而来的更广泛的连接电脑的网络。其顶部有一个应用层（例如，万维网或电子邮件），数据先后通过传输层[如传输控制协议（TCP）]和网络层[如互联网协议（IP）]。

JavaScript 最流行的用于开发交互式Web内容的语言之一。该语言还有很多扩展功能。如果浏览器认为某个JavaScript窗口是弹窗或存在其他安全问题，那么该窗口可能会被拦截。

元数据 用于解释内容的相关数据，如照片上的日期。

开源代码 未经编译的源代码，可供用户免费或支付版权费后查看、使用。

解析 拆解并分析字符串或文本，以理解其含义；你或许需要解析输入值，而计算机会解析你的代码。

PHP 一种主要用于服务器端开发的语言，但其应用较Python和JavaScript（不同于Java）少。

Python 1991年首发的面向对象的高级解释型编程语言，其设计目的是在字符之间留有空格以提升代码的易读性。具有C语言和C++语言的集成功能。

关系数据库 像电子表格一样排列的（可能巨大无比的）数据库，条目的第一列都是"键"（key），它是每个条目独一无二的标识，有助于查找相关数据点。

Ruby 为Web应用程序提供框架的语言。尽管Python、PHP、Node JS和JavaScript已经后来居上，Ruby仍被应用于某些程序的编写中。

运行时间 程序在计算机中央处理器中运行的时间区间。

运行时错误 计算机中央处理器运行程序时检测到的错误，不同于编译器检测到的错误（在编写程序时、运行程序前发现的错误）。

结构化查询语言（SQL） 一种说明性编程语言，允许用户在不描述方法（而由服务器描述）的情况下访问数据。

万维网 一个在线发布内容的平台（目前占主导地位的平台），但它只是互联网体系之一（被称作应用层）。应用层还包括电子邮件、文件传输协议（FTP）、远程终端协议（Telnet）。

所见即所得（WYSIWYG） 用户所编辑的内容接近于成品。

用户界面与用户体验

30秒探索编程简史

3分钟扩展
在2017年苹果公司iOS操作系统的一个测试版本中,如果你在计算器中快速点击1+2+3,出现的结果可能是24。这是因为每个按键都带有一个简短的动画,按下按键时就会播放动画,但此时按键就会被禁用。这意味着计算器会将1+2+3理解为1+23。(该漏洞很快就被修复了,从未公开面世。)

用户界面(UI)是用户(网站访问者、设备所有者或玩家)与软件交互时看到的内容,这是一款软件是否成功的关键。设计者通常需要花费时间反复试验才能设计出良好的用户界面。它也会随着设计趋势的变化而演变。用户体验(UX)包含用户界面,影响着用户使用软件时的感受。一个用户界面可能带有许多漂亮的动画,能让用户跳转到软件的另一个部分,但如果这些动画干扰了软件的运行,用户体验就会变差,从而暴露更大的问题。要想改进用户界面,有个方法屡试不爽:你可以想象一下有个日理万机的人要使用你的软件。按钮间距是否过大,用户是否被迫拼命拖动鼠标?你能否设计出一些键盘快捷键,让用户更轻松地完成重复性工作?文本和背景之间的对比度是否会影响用户在晴天的手机阅读体验?或者,在操作系统存在漏洞的情况下,用户界面中的元素是否会干扰软件的核心功能?这些都是开发者在开发用户真正想要的软件时需要考虑的问题。

相关话题
另见
比例变换与伪代码 第106页
统一码 第126页

3秒钟人物
道格拉斯·恩格尔巴特
Douglas Engelbart
1925—2013
美国发明家,鼠标发明者,于1968年首次提出可点击文本(超链接)的概念。

本文作者
马克·斯特德曼

用户界面和用户体验的有效性是软件研发成功与否的关键。

1955 年 6 月 8 日
出生于英国伦敦

1969 年至 1973 年
在英国最繁忙的火车站——克拉珀姆枢纽站（Clapham Junction）附近上学

1973 年至 1976 年
就读于牛津大学王后学院，从物理系毕业并获得一级荣誉学士学位

1976 年
成为一名电信工程师

1980 年
暂任欧洲核子研究中心顾问，提出建立超文本系统

1981 年至 1984 年
在一家印刷扫描公司从事计算机网络工作

1984 年
成为欧洲核子研究中心的研究员

1989 年
于欧洲核子研究中心发明了万维网

1990 年
于 12 月 20 日开通了第一个网站（info.cern.ch）

1994 年
于麻省理工学院创建了万维网联盟，该联盟后来一直是万维网技术领域主要的标准化组织

2004 年
任南安普顿大学教授，致力于语义万维网项目，该项目旨在开发计算机可处理的信息语言

2004 年
"因对全球互联网发展的贡献"而被英国女王伊丽莎白二世封为爵士

2007 年
获得美国国会颁发的功绩勋章

2016 年
获得美国计算机学会授予的图灵奖，该奖项被誉为"计算机领域的诺贝尔奖"

蒂姆·伯纳斯－李

TIM BERNERS-LEE

蒂姆·伯纳斯-李爵士毕业于牛津大学。人们通常认为他是互联网的发明者。他真正的发明成果是万维网。万维网通过他所编写的神奇代码存在于更广阔的互联网之上，并将该项技术普及给了大众。

蒂姆的父母都参与了第一型商用计算机——曼彻斯特马克一号的相关工作，他们于工作时相识。蒂姆从小就热衷于观察火车，因此他成了铁路模型爱好者，这进而激发了他对电子产品的兴趣。大学时，尽管他学习的专业是物理，但他仍然保持着这份兴趣，还购买电子组件制造了一台计算机。

毕业后，蒂姆前往多塞特郡，进入普莱西（Plessy）电信公司工作，后又进入D. G. 纳什（D. G. Nash）软件公司，负责开发排版软件和多任务系统。此后，他成了一名独立顾问。1980年6月，他进入欧洲核子研究中心开始为期6个月的工作。该组织中大约有1万人参与研究，所有人都使用不同的硬件和软件。蒂姆建议搭建一个能够兼容多种系统的信息共享系统Enquire。

Enquire与如今的维基百科类似，但该系统未获成功。1984年，蒂姆成了欧洲核子研究中心的研究员。他认为Enquire "卡片"的问题在于：在没有卡片的情况下，其他用户无法创建卡片或进行外部链接，而且该数据库的结构给处理系统增加了额外负担。

1989年之前，世界上已经掀起一股 "超文本"浪潮。例如，1982年由彼得·布朗（Peter Brown）研发的Guide系统，1983年推出的交互式百科全书系统HyperTies，1987年苹果电脑公司推出的HyperCard。许多人都聚焦于研发百科全书式的产品，但在欧洲核子研究中心工作的蒂姆更关注的是简单、兼容。他开始着手于 "万维网"的开发。

规范是蒂姆创建万维网的基础，这就是超文本标记语言的来源。该语言的开发受到了当时标准通用标记语言（Standard Generali Markup Language，SGML）结构的启发，其中包含的元素较少，很多至今仍被保留在Web代码中。蒂姆的一项重要创新成果是超文本传输协议。有了该协议，超文本就能通过互联网传输。这一发明十分有用，能够让人们为任意文件（页面）创建一个通用且独一无二的地址，如通用文件标识符（UDI）、统一资源定位系统（URL）、统一资源标识符（URI）等。

蒂姆于1989年3月首次完成这一提案，他在欧洲核子研究中心的主管迈克·森德尔（Mike Sendall）称这一提案 "虽不够清晰，但振奋人心"。有趣的是，对于许多习惯了 "创建"和 "冲浪"概念的人来说，最初的Web浏览器还包括 "所见即所得"这一创建功能，可让用户自行创建页面。

1994年，蒂姆创立了万维网联盟，通过该联盟，他可以免费分享自己的想法，不收取任何费用。因此，万维网的发展方向不同于其他标准通用标记语言软件的发展方向。

亚当·朱尼珀

数据库运行：CRUD 操作

3秒钟精华

CRUD操作是指增加、读取、更新和删除数据库（如电子表格）信息的基本操作。

3分钟扩展

尽管有人坚持把结构化查询语言当作过程语言或半过程语言，专家们仍鼓励人们将这一语言当作说明性编程语言（查询无须指定方法）使用。MySQL数据库可以将存储过程储为子程序，这似乎促使一些人以此为基础对结构化查询语言进行归类（但我们都知道他们错了）。

如果你想在关闭应用程序时保存信息，然后在重新打开程序时再次访问信息，你就需要一个数据库。就像电子表格文档包含多个标签页一样，数据库也包含着许多表格。通过执行"插入"（insert）、"查询"（select）、"更新"（update）或"删除"（delete）等指令，不同表格中的数据可以被链接、排序、筛选、修改。在非正式情况下，我们用"增加"（create）和"读取"（read）分别代替"插入"和"查询"，因此这些操作的首字母缩写为"CRUD"。数据库中的每一个数据项（即电子表格中的每一行）被称作记录（record）。数据库中的记录一旦被创建，就会一直被保存在磁盘中直至被删除为止。你可以只创建一条记录，也可以同时创建多条记录。每条记录通常带有一个增量编号（就像电子表格中的行号），这一编号即主键（primary key）。有了主键，你就能访问数据记录，筛选数据以查找符合条件的行，还能实现数据的任意排序，也可以计算符合条件的行数。"删除"指令和"更新"指令的作用正如其名。"查询"指令的作用和搜索工具类似。一般情况下，替换或删除数据意味着不会备份原内容，这一点需牢记。

相关话题

另见
数据类型 第62页
数据结构：数组 第66页

3秒钟人物

埃德加·F. 科德
Edgar F. Codd
1923—2003
英国计算机科学家，在IBM工作期间提出了关系数据库的概念。

本文作者

马克·斯特德曼

数据库管理的关系模型是埃德加·F. 科德在 IBM 工作时提出的。

Web 开发

30秒探索编程简史

3秒钟精华
对网站进行编程意味着理解静态内容和动态可编程元素之间的区别。

3分钟扩展
常用的服务器端开发语言有PHP、Ruby、Python和JavaScript等。使用这些语言编写的指令需要在服务器（包括内存等必要"资源"）上执行，这意味着在你付费之后计算机才能获得执行服务器端任务的能力。JavaScript也可以在客户端浏览器上运行，其费用会更低，但前提是客户端拥有合适的机器。

网站是在一个或多个服务器（收到请求时发送数据的计算机）上运行的软件。Web服务器常被称作"云"。Web服务器的工作是处理来自"客户端"（如手机上的Web浏览器）的请求并做出回应。用户看不到其工作过程，只能看到结果。也就是说，由于只有发出请求的特定客户端能够看到结果，如果设置得当，Web服务器就可以处理机密信息。这也意味着服务器所做的工作（如运行程序以决定发送至客户端的内容）远不止用户所看到的工作。这被称作服务器端Web开发。除网页等静态文件外，几乎所有网站都要使用数据库。博客将数据项存储在数据库中，博主能够在输入密码后进入"后端"编辑密码。某些数据库可能与网页分开存放，结构化查询语言就是用于查询这种数据库的语言。早期的网站只是根据请求发送超文本标记语言文件，有点类似用Word打开文档。如今，利用超文本标记语言制作的网页会利用串联样式表（确定网页的字体等样式），可能还会填补数据库的空白或运行脚本（隐藏在页面中的小程序）。客户端不会呈现这些过程，只会显示最终页面。

相关话题
另见
在云端运行代码 第54页
蒂姆·伯纳斯-李 第90页
数据库运行：CRUD操作 第92页
端到端加密 第128页

3秒钟人物
拉斯马斯·勒德尔夫
Rasmus Lerdorf
1968—

丹麦裔加拿大人，和他人一起创建了PHP脚本语言和Apache HTTP服务器。

罗伯特·麦库尔
Robert McCool
1973—

NCSA HTTPd服务器（后来的Apache服务器）的原作者，该服务器有助于实现Web的动态化。

本文作者
马克·斯特德曼

Web 服务器处理请求并做出回应，用户只会看到最终结果。

脚本

30秒探索编程简史

3秒钟精华
脚本如同一名优秀的资深员工，能够在接受简单的指令后处理无意识的重复性计算工作。

3分钟扩展
与计算机程序不同，脚本不需要被编译，这意味着你能在任何可以理解该语言的计算机上运行脚本。有些应用程序（包括摄影师最爱的Photoshop）附带了脚本工具。Ruby、Python和JavaScript是三种常见的脚本语言，它们易于阅读，可以跨平台（包括手机、平板电脑）运行。

计算机程序在某种程度上是交互式的，用户在不同阶段被要求提供信息，而脚本通常只需要少量信息（如果有的话），就能以线性方式执行单项或多项任务。脚本旨在以易于重复的方式完成特定工作。例如，假设你是一名婚礼摄影师，你拍了满满一张存储卡的照片，想要在计算机上把照片整理一番。你可以逐张点击照片并把它们分别拖到相应的文件夹中，接着再将文件夹以时间加地点的方式重命名。你也可以创建一个脚本——一个有点像单个用户的程序。脚本可以查看照片的元数据，并由此形成文件名。脚本遍历存储卡上的每张照片，查看文件的时间戳以查询照片的拍摄时间，接着查看每个文件的元数据以提取照片的拍摄坐标。这个脚本通过在线服务将这些坐标转换为用户可读的地名。

相关话题
另见
编译代码 第48页

本文作者
马克·斯特德曼

脚本仅需少量信息，就能够以线性方式执行重复性任务。

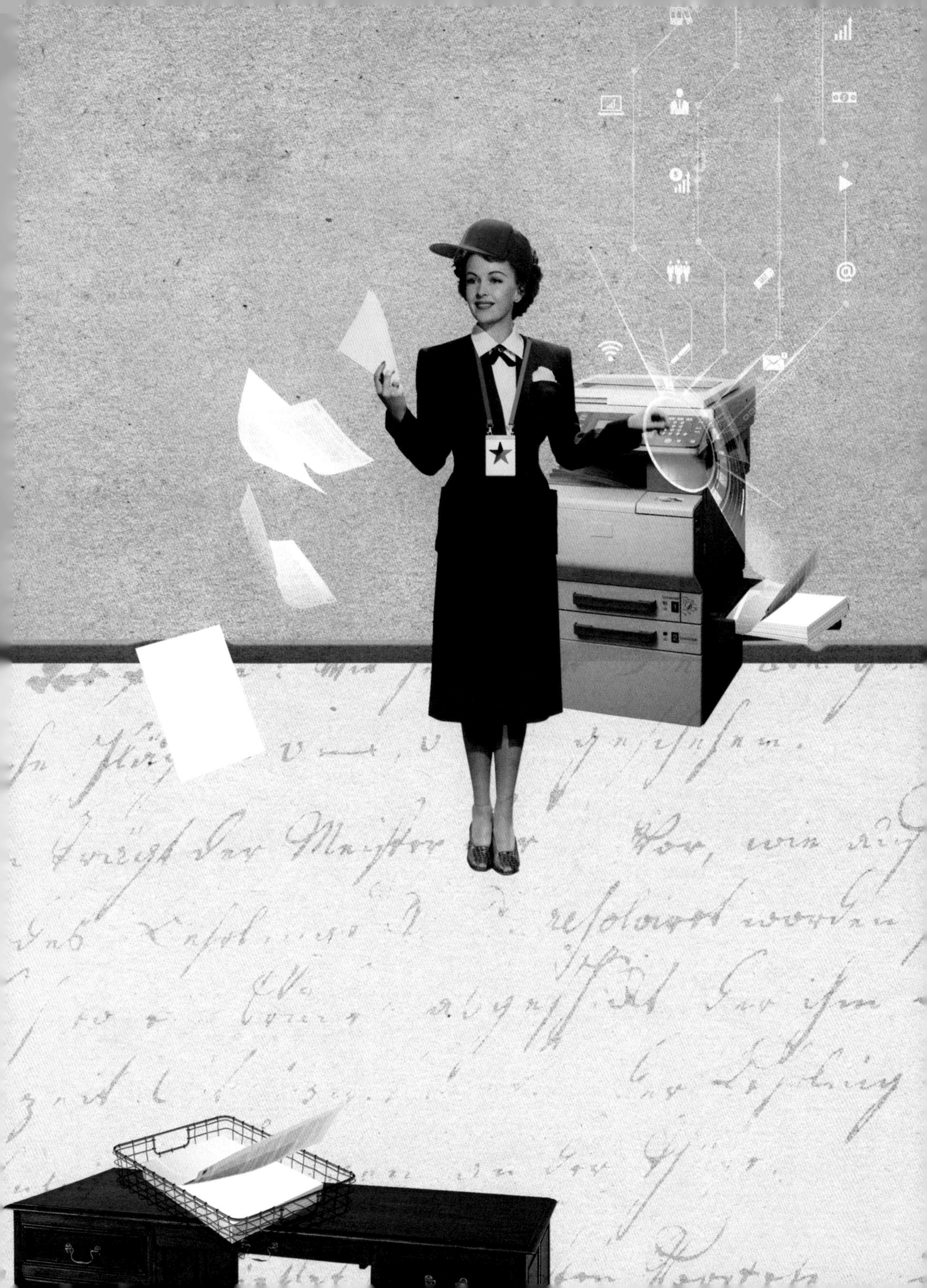

工程

30秒探索编程简史

3秒钟精华
有关程序员称呼的定义不够明确，但工程师往往是使用最广泛的一种称呼。

学习代码能够开辟一条职业道路，但这条道路上似乎有一些令人困惑的路标。从事代码相关工作的人似乎有着各种各样的称呼，但称呼的含义是什么呢？虽然没有绝对的定义，但"编码员"常指刚开始从事编程工作的人——相当于初级文案（其实他们也可能被称作"初级程序员"）。经验更为丰富的"编码员"则被称作"开发员"或"程序员"，这意味着他们对整个现行项目的认识更加深刻，就如同建筑行业的现场经理。"工程师"好比建筑设计师，负责制订计划以供程序员和编码员执行。工程师需要掌握项目目标以及所有可能用到的外部资源。其实这几种称呼的职能很有可能相互重叠，这尤其是因为软件领域仍有很多白手起家的创业者，凡事都得亲力亲为。此外，大型公司也创造了一些新称呼（如"软件架构师"）。

3秒钟精华
有关程序员称呼的定义不够明确，但工程师往往是使用最广泛的一种称呼。

3分钟扩展
就计算机科学与软件工程这两个学科而言，前者的课程更具学术性且包含更多的机械知识，后者的课程则更具职业导向性。计算机科学对数学能力的要求很高（算法设计与代数有关），这一学科能让学生更广泛地了解技术，尤其是硬件技术。现代计算机课程还包括计算机伦理和专利等领域的课程。

相关话题
另见
调试 第104页
算法 第112页

3秒钟人物
莫里斯·文森特·威尔克斯
Maurice Vincent Wilkes
1913—2010
英国计算机科学家，设计了一台早期的电子计算机，他也是剑桥大学开设的世界上第一门计算机科学课程的负责人。

本文作者
马克·斯特德曼

工程师在编程工作中扮演的角色更像建筑设计师。

敏捷开发与 Scrum

30秒探索编程简史

3秒钟精华

敏捷开发（Scrum是其中一种方法）支持定期交付可用的软件版本。

3分钟扩展

2015年，微软首席执行官萨蒂亚·纳德拉（Satya Nadella）说："现在的所有企业都将成为软件企业。"对许多人来说，这已经变成了事实。如今，敏捷方法以企业目标和战略为重心，与传统企业管理方法相结合。因此，程序员常需要利用价值流管理（value stream management, VSM）——根据最初请求跟踪价值交付过程。

在软件开发模型"瀑布模型"中，项目流程包括软件计划、需求分析、软件设计、程序编码、软件测试、运行维护，这些步骤依次进行。这可能会导致耗时过长，而市场很可能在软件开发的这段时间内发生变化。Scrum已经取而代之。20世纪70年代，自适应软件开发原则出现，该原则允许增加迭代次数，适用于小组件和测试。20世纪90年代，这一原则有了各种各样的正式名称。1995年，它被称作Scrum。Scrum项目的原则是将较大的项目划分为若干个周期，每个周期计划持续的时间都足以完成根据需求分析制订的工作计划。"潜在可交付产品"的出现标志着一个周期的结束。Scrum团队中有"产品负责人"（product owner），负责定义产品需求[被称作"产品待办事项列表"（product backlog）]，还有一个领导团队的"流程管理员"（Scrum master），以及一个按需负责开发或测试的团队，该团队以"用户故事"（user story）为小单元展开工作。由于轻量级软件开发方法的流行，2001年，17名程序员发表了《敏捷软件开发宣言》，提出了"尽早且持续地交付有价值的软件""密切的日常合作"等原则。

相关话题

另见
Web开发 第94页
工程 第98页

3秒钟人物

吉姆·海史密斯
Jim Highsmith
1945—

美国软件工程师，曾经做了25年的IT经理和开发人员，后来编写了《自适应软件开发》（1999年），撰写了《敏捷软件开发宣言》的前言。

本文作者

亚当·朱尼珀

Scrum 是一种敏捷软件开发方法，它将较大的项目划分为若干个周期。

安全侵入

30秒探索编程简史

3秒钟精华
安全侵入与网络系统合法测试之间有些许重叠，程序员应对此进行研究。

3分钟扩展
文化型黑客总有些幽默之处，或者想做就做、不以获利为目的，这被称作"黑客价值"，比如使用点阵式打印机演奏。Linux创始人莱纳斯·托瓦尔兹是一名著名黑客。他曾说，侵入行为带有资本主义精神。

就算你不了解计算机，你也可能遭遇过黑客。但说句公道话，好莱坞（更不必说安全政策制定者）在这个词的处理上有些灵活。试图在未经授权的情况下访问计算机系统的行为被称作"安全侵入"（security hacking），这是关于此种行为较准确的说法。众所周知，黑客分为三类：白帽（以发现并修复漏洞为目的）、黑帽（也被称作"骇客"，通过窃取、利用数据以谋取私利）和灰帽（业余爱好者，不一定以获取经济利益为目的，但仍可能违法）。编程爱好者和技术爱好者可能会认为自己是"黑客文化"的一部分，但又不必进行安全侵入。这些黑客对系统颇感兴趣，但纯粹是出于好玩，他们与那些只通过基本指令就能实现目标的用户不同。20世纪60年代，黑客文化在大学校园中兴起。随着时间的推移，这一文化变得更具自发性。在此背景下，1973年，黑客词典（Jargon File，程序员俚语词汇表）出现；1985年，GNU宣言（GNU Manifesto，旨在建立自由的计算机操作系统）面世。互联网通信出现后，文化型黑客越来越同质化，但仍支持信息自由。

相关话题
另见
莱纳斯·托瓦尔兹 第64页
史蒂夫·沃兹尼亚克 第74页
端到端加密 第128页

3秒钟人物
肯·汤普森
Ken Thompson
1943—
1983年因有关UNIX操作系统和B语言（C语言的前身）的开创性工作获得图灵奖。当时，他提到了"特洛伊木马"，这一术语现已被广泛应用于计算机安全领域。

本文作者
亚当·朱尼珀

黑客会以各种形式和伪装出现。

调试

30秒探索编程简史

代码中的问题被称作漏洞，调试就是指解决这些问题。几乎没有代码能够第一次就运行成功，因此调试是编程的一个重要部分，当然，这也可能与出现的问题是五花八门的相关。由于本书作者预留给编辑的时间过少，本书中可能存在句法错误——标点或语法使用错误，但你可能还是可以通读本书并理解其含义。计算机却做不到，它可能会直接停止运行。值得一提的是，这些错误通常会被自动识别。能够正确进行解析的代码中也会存在错误，这类错误较难被发现——程序仍会运行，但其运行方式会偏离你的预想。编程环境包括辅助排错的工具，如控制台日志或断点，这些工具可被添加至任意代码行中检查其中的值。你可以一直移动断点直到你发现某个存在问题的点。程序还需与云服务器交互，并指示这些服务器与远程平台通信。这些服务器会保存一个即时事件日志，这样，如果你编写的程序收到了错误信息，你就能找到其位置。

相关话题
另见
格雷斯·霍珀 第44页
编译代码 第48页

本文作者
亚当·朱尼珀

编程的一个重要部分是在调试过程中解决问题。

比例变换与伪代码

30秒探索编程简史

3秒钟精华
用真正的英语编写软件代码并不能让计算机读懂，但有助于开发团队向客户解释代码。

3分钟扩展
可扩展语言是真正的计算机编程语言，它是为支持"概念编程"而专门设计的。（在概念编程中，程序员专注于他们头脑中的概念与最终代码之间的差异，从而将概念转化为代码。）法国计算机科学家克里斯托夫·德迪内尚（Christophe de Dinechin）从1992年开始研发可扩展语言。尽管它受到了C++语言和Ada语言的影响，程序员仍可以通过自己的插件扩展这一语言，并开发自己的句法。

编写报数游戏FizzBuzz这样的简易游戏对程序员来说就是小菜一碟，因为定义游戏规则十分容易，且这类游戏不需要通过任何远程服务器或其他组件就能运行。然而，复杂的3D游戏包含大量动画，其中有多个角色四处移动并与环境交互，有逼真的光效和沉浸式的音效。因此，这类游戏的编程要求要严格得多。游戏引擎的每个部分都由不同的子团队开发，这些子团队各由一名项目经理或一名系统架构师负责。在编程前，项目经理或系统架构师会与程序员一起编写有关系统中每个部分的具体说明。其中一个步骤是编写"伪代码"，即用简洁明了的英语写下需要完成的各个步骤。伪代码只需包含一些细节，这些细节有助于在开始编程前在白板上找到解决方法。程序员都有自己喜欢的计算机编程语言。伪代码类型多样，也各有人爱。Z语言等伪代码更具数学风格。与之相对的是设计程序语言，这种语言不涉及编程术语的使用。

相关话题
另见
FizzBuzz测试 第114页
敏捷开发与Scrum 第100页

3秒钟人物
尼克劳斯·维尔特
Niklaus Wirth
1934—

瑞士计算机科学家，创造了"维尔特定律"——计算机速度变快的同时，软件速度变慢了。正因为如此，克里斯托夫·德迪内尚才致力于利用可扩展语言解决这一问题。

简-埃蒙德·阿布瑞尔
Jean-Raymond Abrial
1938—

法国计算机科学家，在牛津大学任职时发明了Z语言和B方法。

本文作者
马克·斯特德曼

不同的子团队共同对复杂的3D游戏进行了严格的定义。

用代码解决问题 ◐

术语

非对称加密 共享密文的一种方式，发送者和接收者都拥有私钥和公钥；公钥用于加密，私钥用于解密。

控制字符/非打印字符 常见于早期计算机上的ASCII（American Standard Code for Information Interchange，美国信息交换标准代码）的字符中有33个非打印字符（源于电传打字机）。这些字符具有兼容性，因为计算机设计师发现它们在计算机中的功能和在电传打字机中的功能不同（在电传打字机中用于响铃）。

加密货币 一种不由中央银行发行但存在于云端的货币，不同于英镑、美元等真实货币。比特币是最为知名的加密货币。

密码学 研究将信息转换为代码（并尝试破译他人信息的代码）的学科。

美国国防部高级研究计划局 Defense Advanced Research Projects Agency，简称DARPA，成立于1958年，当时名为高级研究计划局（Advanced Research Projects Agency，ARPA），其任务是投资改进美国国防技术的研究项目。该计划局创建了阿帕网（ARPANET），该网络后来发展成了互联网。

特征向量 在机器学习软件中，特征向量是用被分析值的数字表示（因为计算机擅长处理数字）。

for循环 一种循环指令，通常在某一条件得到满足时停止。程序会不停地循环某一部分，可能每次都会向内存中添加一次循环。

硬编码 在编程中，硬编码就是指将数据直接编写进程序中（此外，这种编码方式会给之后进行编码的人带来困难）——"他将这个值进行了硬编码"。

超文本标记语言（HTML） 一种网页编程语言，用类似的代码标记开始，类似的代码标记结尾。

JPEG Joint Photographic Experts Group（联合图像专家组）的缩写，该小组发明了广受欢迎的JPEG文件格式，这种格式能够通过去除一些数据以压缩图像文件。这是一种有损文件格式，你可以在创建文件时选择损失级别。

有损 就文件压缩而言，"有损"指为缩减文件大小而牺牲某些细节（适用于图像、视频和音频，但不适用于文本）。

运算符 在方程或算法中，执行函数的符号（如"+"和"－"）是"运算符"。它们影响的数字或变量是"操作数"。

优良保密协议（PGP） 一种加密系统。

切变变换 切变是指垂直线相对于垂直向倾斜的程度。识别切变在人脸识别等软件功能中十分有用，因为人们会倾斜头部。

对称加密 共享密文的一种方式，发送者和接收者使用相同的密钥。

太字字（TB） 2的40次方字节。

训练数据 输入至监督式机器学习系统中的信息，能让该系统具有预测未知数据的功能。

矢量图 在计算机中，矢量图是用几何方式和数学方式描述的图形。它们和照片不同，并不是由像素组成的。许多线条图和图标都是矢量图，它们的文件容量小且可以被无限缩放。

ZIP 一种常用的压缩文件格式。

算法

30秒探索编程简史

相关话题

另见

循环与迭代 第72页

函数 第76页

数据库运行：CRUD操作
第92页

3秒钟人物

穆罕默德·伊本·穆萨·阿尔-花拉子密
Muhammad ibn Musa
al-Khwarizmi
约780—约850

波斯数学家，其著作在12世纪被译为拉丁文，拉丁译本名为《花拉子密之言》（*Dixit Algorizmi*），arithmetic（算术）和algorithm（算法）这两个词就是由这一名字演变而来的。

3秒钟精华

算法是精确的指令。在代码中建立算法就是规定计算机需完成的任务（尽管一个问题可能有多个解决方案）。

3分钟扩展

排序、搜索和匹配是三种最常见的计算机算法。我们可能会想要根据旅行时间和费用对行程进行排序，或是想要排除途经洛杉矶的行程。对于每一项任务，我们都可以使用不同的算法，例如，用不同的方法分别对航程和航空公司的名称进行排序。

计算机只会在我们的指示下用我们给出的方法逐步执行我们代码中的步骤——在到达机场之前，我们是无法飞行的。我们常听到，"算法"控制着我们在社交媒体上看到的内容。其实，算法的概念起源于数学，早于计算机存在。计算机程序由算法组成。一个算法就如同一份旅游计划，规定了为获得期望的结果计算机需执行的一组步骤。例如，如果我们要从伦敦出发去圣迭戈，方法其实多种多样。首先，我们必须通过某种交通方式到达希思罗机场。由于航线垄断，直飞的票价最高。途中，我们可以选择在美国不同的城市进行一到两次转机，这种方式耗时长但费用低。我们也可以先飞到洛杉矶或旧金山，然后体验一下驱车前往圣迭戈的感觉。这组步骤精确地描述了从伦敦到圣迭戈的每一条路线，构成了我们旅行的算法。程序员的必备技能之一是选择完成任务的最佳算法。

本文作者

苏泽·沙尔德洛

算法形成计算机任务以获得预期结果，如飞行计划。

FizzBuzz 测试

30秒探索编程简史

相关话题
另见
循环与迭代 第72页

3秒钟精华
FizzBuzz不仅是一种游戏，可以被父母或数学老师用来锻炼孩子的快速心算能力；它也是一道经典面试题，用于考验那些志存高远的程序员。

3分钟扩展
模运算符可用于判断一个数字是否可以被软件中的某些数字整除。要想知道i值是否可以被3整除，你需要看一下（$i\%3==0$）是否成立，即i值除以3后的余数是否为0。因此，如果i值是31，模就是0.333而不是0。

一个新手程序员可能会遇到很多问题，有些问题是工作需要，有些问题则是对他们能力的测试。科技博主伊姆兰·古里主张将著名的FizzBuzz游戏作为程序员的面试题。FizzBuzz是一种（可能是数学课上玩的）儿童游戏，规则很简单：每次报一个数，如果所报数字能被3整除，就要说"Fizz"，如果所报数字能被5整除，就要说"Buzz"，如果所报数字能同时被3和5整除，则要说"FizzBuzz"。古里对速度最感兴趣，但由于这道面试题的编码方式多种多样，它也催生了一种解决问题的方法。例如，你是将数字3和5硬编码至代码中，还是请求输入？替代词会超过两个吗？你想让程序运行多久？你可以在用户退出程序前不断生成答案，但更为巧妙的做法是建立循环，因此你可以选择询问用户要玩多久的游戏，或是直接将数字50硬编码至代码中。一般来说，面试官甚至会对你所用的for循环中的变量i值（用于迭代）感兴趣。

3秒钟人物
杰夫·阿特伍德
Jeff Atwood
1970—
美国程序员、IT问答网站Stack Overflow的联合创始人，正是在该网站上，古里提出的FizzBuzz想法备受关注。

伊姆兰·古里
Imran Ghory
1982—
计算机科学专业毕业生，提出了极客漫画理论，创立了早期人口普查创业公司SeedTable。

本文作者
马克·斯特德曼

FizzBuzz是一种儿童游戏，对程序员来说则是一道经典的面试题。

```javascript
function isMultiple (num, mod) {
  return num % mod === 0;
}

function main() {

  let output = "";

  for (let i = 1; i <= 100; i++) {

    switch (true) {

      case isMultiple(i, 15):
        output = "FizzBuzz";
        break;

      case isMultiple(     3):
        output = "Fi
        break;

      cas
        ou
        break;

      default
        o

    }

    console.log(   tpu
  }

}
```

排序与大 O 符号

30秒探索编程简史

3秒钟精华
要计算出排序算法的效率，你需要比较计算操作次数（O）与被排序数据项的总项数（n）。

3分钟扩展
不同的排序算法使用的方法各不相同。相比冒泡排序，归并排序将所有猫分为更小的组，分别对每组进行排序，接着将它们归并起来。每次操作都需要时间。将猫分组是一次操作，每次比较都是一次操作，移动一只猫也是一次操作。大O符号描述了算法的相对效率，其计算方法是明确数据集扩大时所需步骤的总数。

如果我们有许多只体型不一的猫，我们要如何按照体型大小对它们进行升序排列呢？如果猫的数量不多，我们或许在观察之后就能迅速地将它们按体型从小到大的顺序排列。那么，计算机如何完成这项任务呢？计算机不能像我们一样观察整体：它需要系统地遍历所有猫，逐个对它们进行观察。排序算法其实各式各样。冒泡排序就是其中一种，该算法遍历整个数组并进行交换，目的是让体型较大的猫位于右侧。经过多次交换以后排序才能完成。大O符号用于表示算法效率，即输入数据集扩大时算法所需的额外时间与空间。程序员只有知道算法效率，才能选择完成任务的最佳算法，在编写大型软件时尤为如此。O(1)是一种有效的算法——一次操作（如"打印列表上的最后一项"）的结果。以每天处理数百万笔交易的银行软件为例，如果代码效率略微降低一些，时间成本和金钱成本都会大大增加。

相关话题
另见
数据类型 第62页
数据结构：数组 第66页

3秒钟人物
保罗·巴赫曼
Paul Bachmann
1837—1920

德国数学家，写就了有关数论的5卷著作，与埃德蒙·兰道（Edmund Landau）一同创建了大O符号。

唐纳德·克努特（高德纳）
Donald Knuth
1938—

美国计算机科学家，图灵奖得主，多卷书《计算机程序设计的艺术》的作者，推广了大O符号在评估算法效率方面的应用。

本文作者
苏泽·沙尔德洛

排序算法对数据项进行排序，如对一组体型不一的猫进行排序。

两军问题

30秒探索编程简史

3秒钟精华
计算机对计算机通信和中世纪的军事领导者面临的问题很相似。

3分钟扩展
两军问题最出名的失败案例之一发生在英国外卖服务公司Deliveroo身上。2018年9月，该公司系统无法确认大量订单（尽管它已经接了这些订单），这导致许多客户重新发送了相同的订单。有些客户最后收到了很多食物，并且得为每一笔订单付钱。最后，该公司只得向客户们道歉。

两军问题是一个经典的理论悖论，已被引入互联网领域。即使假设将军们都得到了更精良的装备，这个问题也得不到解决。两军问题如下：山谷底部有一座重兵把守的城堡，山谷顶部的两侧各有一支军队，分别由一位将军带领。为了攻占这座城堡，两支军队必须同时冲锋，但两位将军需要通过信使交流以商定时间，而他们也不能百分百保证信使能够安然无恙地将信息送达。在确认第二位将军已经收到并明白信息的情况下，第一位将军才会发起进攻。你可能觉得如果让第二个信使将信息副本（及回执）送回给第一位将军，那这个问题就可以得到解决。但是，无论是军队还是第二个信使，他们在穿越山谷时，必然会受到敌人的攻击。其实，这一问题没有理论上的解决方法。一个实用的解决方法是幂等性标识（idempotency token），即发送信息的将军（或应用程序、服务器）向消息（订单）添加唯一值，该值被记录在发送端和接收端上。人们通常会重新发送失败的订单/消息，但如果两次发送的订单/消息具有相同的标识，那么接收服务器（第二位将军）可能会因为已经处理过相同的标识而忽略第二次发送的订单/消息。

相关话题
另见
最终一致性 第82页
FizzBuzz测试 第114页

3秒钟人物
吉姆·格雷
Jim Gray
1944—2012
美国计算机科学家，图灵奖得主。他的成就并不是证明了"两军悖论"，而是于1978年命名并推广了这一悖论。2007年，他所乘坐的帆船失踪，他在法律上被宣告死亡。

本文作者
亚当·朱尼珀

两军问题是一个思维实验，旨在展示不稳定链接带来的问题。

压缩与赫夫曼树

30秒探索编程简史

3秒钟精华

尽可能高效地存储数据被称作压缩。压缩可能会降低计算机运行速度，但会节省驱动器空间和带宽成本。

3分钟扩展

有损压缩是指去除肉眼无法注意到的细节，使得图像和视频能够以数字形式传输。一帧（非HDR的）4K视频占4096×2160×3＝26542080 B，或25.31 MB。一部90分钟的4K故事片的容量会超过3 TB。视频压缩算法不仅会删减细节，而且只会发送一些帧（关键帧），从而只展现有差异的画面。

计算机的数据存储量有限，互联网的带宽同样有限。因此，减小文件容量十分有用。赫夫曼编码诞生于1952年，是一种以其创建者的名字命名的编码方式。它采用无损法压缩文本[不同于有损压缩（如JPEG压缩和大多数视频压缩），有损压缩牺牲了细节]。一般来说，计算机处理的都是由1和0组成的一串数字。（至少在赫夫曼工作时）文本中的一个字符占1个字节（8位，即1 B＝8 bit），例如，01100001代表小写字母a。这足以用于表示基本的英文字母和标点符号（它们对早期的计算机工程师来说不可或缺），并且它们能够被计算机快速检索。赫夫曼的创新之处在于，任何大型文本文档都可以被计算机读取，然后就能创建一棵"赫夫曼树"。这棵树十分关键，能够让计算机知道解压时应按顺序添加哪个字母。这一方法速度较慢，但它为更常用的字符分配了少于1个字节的位。由于赫夫曼树的分支以字母结尾，解压时可以不用考虑位的数量而放心地放置字母。此后几年中，ZIP等无损压缩方式出现，无损压缩通过一次压缩多个字节来提高效率。

相关话题

另见
二进制与位　第60页
统一码　第126页

3秒钟人物

戴维·A.赫夫曼
David A. Huffman
1925—1999
美国电气工程师，数学折叠领域的先驱，发明了赫夫曼编码。

本文作者

亚当·朱尼珀

赫夫曼编码可用于压缩文件，旨在尽可能高效地存储数据。

搜索引擎优化

30秒探索编程简史

相关话题
另见
Web开发 第94页
算法 第112页
拉里·佩奇 第132页

3秒钟人物
谢尔盖·布林
Sergey Brin
1973—

出生于俄罗斯,谷歌联合创始人,在斯坦福大学结识了拉里·佩奇。由于对数据挖掘颇感兴趣,他与拉里·佩奇于1996年共同编写了谷歌的前身——网络爬虫(BackRub)。

本文作者
亚当·朱尼珀

3秒钟精华
搜索引擎利用计算机阅读网页并对网页进行排序,因此内容创作者(及网站程序员)总是需要取悦人和计算机。

3分钟扩展
搜索引擎优化分为内部优化和外部优化两个部分。内部优化意味着提升单个页面本身对引擎的吸引力,包括使用正确的标签高亮显示关键词,并保证服务器能够快速呈现网页。外部优化是建立链接的过程,即让一个网页出现在尽可能多的地方。这可能涉及大量有关社交媒体的内容,比如涉及博客和类似网站的内容。

如前所述,在线编程不仅包括传统的编程,也关乎将内容嵌入本质上为编程语言的超文本标记语言中。这不仅能够让读者浏览网页,还能让机器审核网页文本以找到最重要的词(关键词)。超文本标记语言标签(代码)其实有助于实现这一点,因为它们标记了应以粗体显示的标题或片段。谷歌最初的创新之举在于编写"读取"网页的代码并建立数据库存放网页中的重要内容。谷歌能够通过"爬取"(crawling)查找网页地址,也就是跟随链接标签以索引下一个网页,依此类推。可跳转到某一网页的链接越多,谷歌就会认为这一网页越重要,给它的排名也就越高。谷歌的排名转而开启了一个全新行业:搜索引擎优化,这意味着要让内容更加吸引搜索市场的主导者——谷歌。这一行业包括破解谷歌用于辨识网页并对其进行排名的(不断变化的)算法,接着在代码、结构或内容的使用等方面吸引谷歌。

搜索引擎优化旨在研究隐藏在搜索引擎中的算法,以便更好地锁定特定用户。

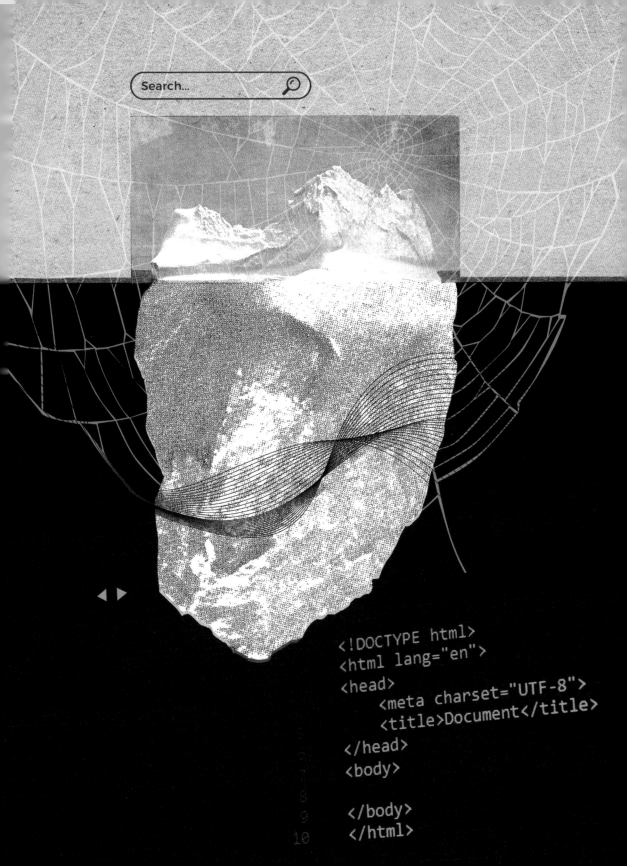

```
<!DOCTYPE html>
<html lang="en">
<head>
    <meta charset="UTF-8">
    <title>Document</title>
</head>
<body>

</body>
</html>
```

人脸识别

30秒探索编程简史

3秒钟精华

识别、检测人脸（和物体），即计算机视觉，是常见的计算任务，这项任务十分复杂。对于程序员来说，这一切都与代码库和数据库有关。

3分钟扩展

计算机科学家于20世纪60年代开始进行有关人脸识别的研究，用绘图板人工识别人脸特征点的坐标。美国国防部高级研究计划局等机构已经取得了一些进展。但如今，如果程序员想要在自己的项目中应用人脸识别，就要用到代码库。Open CV就是一个代码库，它是英特尔的一个始于1999年的项目的成果。

人类在识别人脸方面游刃有余（即使我们无法一直记住人脸对应的名字）。这是社会生物的明显的进化优势。比利时鲁汶大学的一项研究使用功能性磁共振成像扫描仪发现了梭状回——大脑中用于识别人脸的部分。科学家还发现，人类识别人脸的方式似乎是先确定自己是在看一张脸（检测），然后再确认自己是否认识这张脸以及有何感受。2010年，脸书（Facebook）大规模启用人脸识别技术，用的是相同的方式。识别需通过比较进行，而计算机需要数据（其他人脸图片）进行比较。为了提升效率，计算机需进行的比较次数应尽可能地少。因此，可以建立一个由关键特征组成的坐标格（特征向量），并测量特征之间的比例。人脸或许不是直面相机（切变），但测量其比例就足以识别人脸。近来，人脸识别技术不断发展，其分支包括基于低质量图像（如来自监控摄像头的图像）的识别技术和3D人脸识别。苹果公司的Face ID技术将3万多个红外线点投射到用户脸部，以此创建脸部轮廓图（用于创建ID、实现模糊背景等摄影效果）。

相关话题

另见

算法 第112页

AI: 人工智能 第138页

3秒钟人物

伍德罗·威尔逊·布莱索
Woodrow Wilson Bledsoe
1921—1995
美国数学家、计算机科学家，人工智能技术的奠基人，他早在1959年就撰写了一篇有关模式识别的论文。

本文作者

亚当·朱尼珀

网格由关键特征组成，能让计算机快速识别人脸。

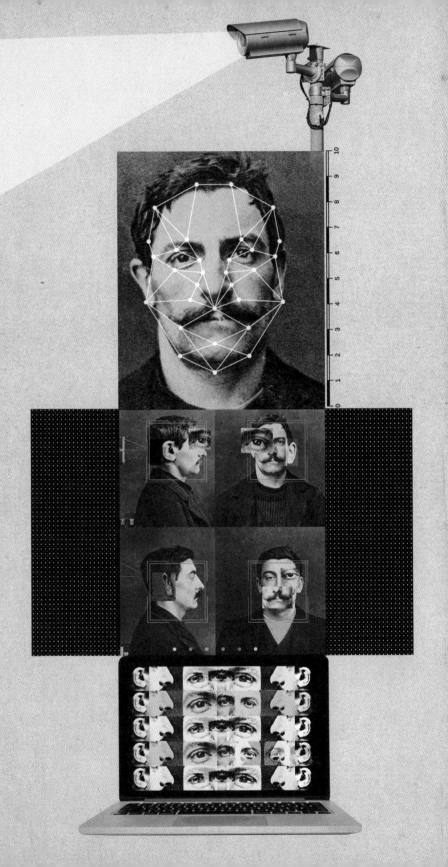

统一码

30秒探索编程简史

3秒钟人物
乔·贝克尔
Joe Becker
活跃于20世纪80年代至今
美国计算机科学家，统一码之父，在著名的施乐帕克研究中心工作。

马克·克里斯平
Mark Crispin
1956—2012
美国系统程序员，开发了电子邮件的因特网信息访问协议（IMAP），为统一码标准的建立做出了贡献。

3秒钟精华
统一码是文本和表情符号的全球通用标准。

3分钟扩展
统一码联盟决定了数字文件（或网页）中底层的二进制代码分别应转换为屏幕上的哪个字符，并负责维护这一标准。这些字符不仅包括语言符号，也包括表情符号。字母"a"的字体可能不同（"笑脸表情"看起来也会不一样），但它们其实都源于统一码。

在电传打字机时代，人们需要一种能把英语直接转换为二进制数的代码来传输电报。1960年出现的ASCII码解决了这一问题。它是一种7位代码，包含128个字符：数字0到9、大写字母A到Z、小写字母a到z、标点符号以及33个非打印字符（我们仍在使用0001101，但不是用于"响铃"，而是表示回车符和制表符）。这套代码适用于英文电报。但是，计算机设计师发现这些控制字符用途不一，导致一个ASCII码文本文件在不同操作系统中的表现形式各不相同。为了传递更复杂的信息，许多人选择添加第八位字符代码（8位代码，256个可能的字符），创建各种"扩展ASCII码"集以满足当地语言的需要。1988年，乔·贝克尔提出了一种新的16位系统，只需在原始的ASCII字符前添加9个"0"位。因此，1110100（字母t）在统一码文件中被表示为0000000001110100。虽然这是一种简单的转换，但可用的字符数就达到了65536个，足以用于表示地球上的所有语言。4年后，统一码联盟（Unicode Consortium）成立，行业领先的公司纷纷加盟，苹果电脑公司也不例外。一时之间，统一码联盟大有"一统天下"之势。随后，表情符号出现了，该联盟也开始负责表情符号的定义。

本文作者
亚当·朱尼珀

统一码是文本和表情符号的全球通用标准。

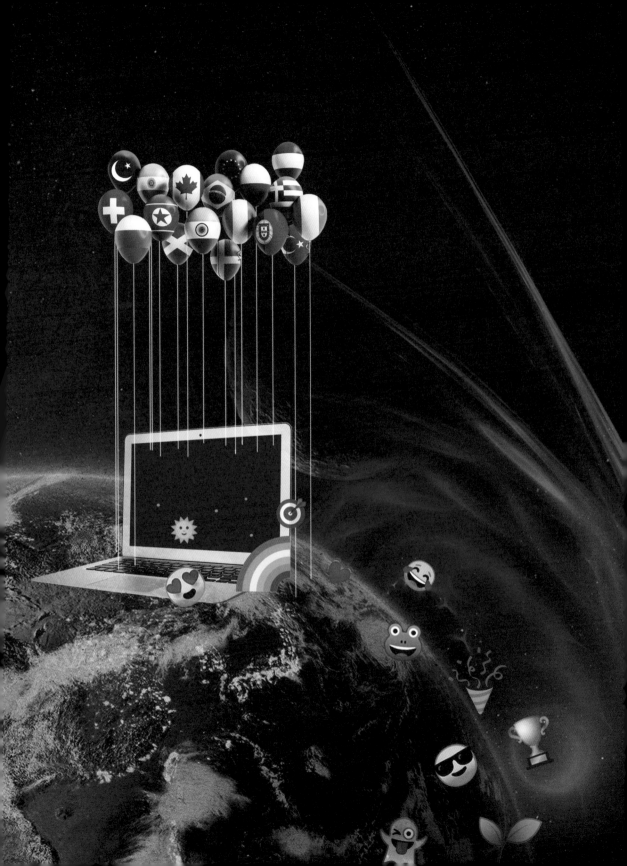

端到端加密

3秒钟精华
无须事先碰头商量密码就能加密信息，接着发送照片、信用卡卡号等数据，这就是端到端加密。

3分钟扩展
有时，政客们会觉得端到端加密对社会造成了威胁，因为它让政府机构无法在获得合法批准的情况下进行访问（如传统的窃听）。然而，在网络上，加密来自路由器和服务器的信息意味着信息（或图像）在传输过程中的任意时刻（黑客或心怀不满的社交媒体工作者可能会在传输过程中想看到传输内容）都不可读。留有后门可能对警察来说大有裨益，但也会被不法分子加以利用。

传统密码学使用单个私钥保护信息，人称对称加密（symmetric encryption）。如果艾丽斯想要给鲍勃发私信，她会使用私钥加密信息后发送。截取信息的人看不懂信息，但鲍勃可以用私钥对其进行解密。线上使用这种方法的问题在于：一开始艾丽斯应如何给鲍勃发送私钥——信息在网络上传输，加密旨在防止黑客获得信息。公钥加密（public key encryption）就能够解决这一问题。艾丽斯和鲍勃都需拥有公钥和私钥。艾丽斯可以查看鲍勃的公钥并用它加密信息。接着，她就会发出信息，但只有私钥可以解密这条信息，而且只有鲍勃持有私钥副本。RSA加密算法是最早的公钥密码系统之一，它通过质数进行加密，两个质数相乘很容易就可以得到一个非质数，但反过来就非常难了。安全的超文本传输协议、优良保密协议和加密货币都应用了这一算法。此外，还有一种算法叫Diffie-Hellman密钥交换法，是一种非对称加密法，可以让艾丽斯和鲍勃结合自己的私钥与公钥（质数）生成共享密钥。

相关话题
另见
区块链 第144页

3秒钟人物
伦纳德·阿德曼
Leonard Adleman
1945—
美国计算机科学家，和他人共同开发RSA加密算法，并于1977年公开阐述了这一算法，因此在2000年获得图灵奖。

克利福德·科克斯
Clifford Cocks
1950—
英国密码学家，1973年在英国政府通信总部工作期间与他人共同发明了公钥加密，但这一成果在之后的30年内都未曾公开。

本文作者
亚当·朱尼珀

艾丽斯和鲍勃互发加密信息。

模式匹配语言

30秒探索编程简史

3秒钟精华
模式匹配语言能够帮助学者利用计算机的缜密逻辑查询数据。

3分钟扩展
模式匹配与模式识别并不相同。前者以绝对值为基础，而后者（如人脸识别）以相似性为基础。人类可以轻而易举地进行模式匹配。一般来说，计算机并不适合执行这一操作，但机器学习可以。模式识别包括语音识别、文档识别、人脸识别和医学诊断等，其方式通常是从训练数据中构建向量。

许多人都接受过某种编程语言培训，他们对培训的印象可能是，一开始学习过程语言，接着是面向对象程序设计，这也是编程语言发展的方向。事实上，编程范式还有很多。首先，函数可能被视为对象，也可能不被视为对象，但还有一种截然不同的语言——模式匹配语言，如20世纪70年代出现的Prolog。该语言的语法清晰地描述了环境或数据集中的所有约束变量、约束常量和约束事实——这与哲学论文中的形式逻辑问题十分相似。数据和其约束被有效且有序地添加至系统中。在查询系统时，模式匹配才真正开始，其方式是根据事实和意图测试变量，并确定何为"真"。因此，Prolog非常适合用于解决代数问题：? -mother（X，Arya）.（谁是阿里亚的母亲？）假设所有数据都有，回车后得出的答案就是Catelyn（凯特琳）。不过，情况远比我们看到的更为复杂——如果凯特琳被定义为父母之一，那么还需在声明中将其列为女性。

相关话题
另见
Fortran：第一种高级语言
　第42页
过程语言 第46页
编译代码 第48页
面向对象程序设计 第50页

3秒钟人物
阿兰·科尔默劳尔
Alain Colmerauer
1941—2017
法国计算机科学家，致力于早期翻译系统的开发，创造了逻辑语言Prolog。

本文作者
亚当·朱尼珀

在计算机缜密逻辑的帮助下，学者通过模式匹配来查询数据。

1973 年 3 月 26 日
出生于美国密歇根州兰辛市，当时名为劳伦斯·爱德华·佩奇（Lawrence Edward Page）

1990 年
从这年开始连续两年参加著名的因特劳肯艺术中心（Interlochen Center for the Arts）艺术夏令营，学习演奏长笛

1996 年
通过利用有限的超文本标记语言，为其初创的搜索引擎创建了一个平平无奇的搜索页面

1998 年
与谢尔盖·布林一同创建了谷歌公司

2000 年
谷歌在新闻通稿中宣布，它已为 10 亿个网址（URL）编制了索引

2001 年
迫于硅谷著名投资方的压力，佩奇卸任谷歌首席执行官；这些投资方称，如果能有一位商业经验更为丰富的领导者上任，他们将投资 5000 万美元

2004 年
谷歌进行了首次公开募股，这使得佩奇成了亿万富翁

2005 年
在谷歌首席执行官埃里克·施密特（Eric Schmidt）不知情的情况下，佩奇以 5000 万美元的价格收购了安卓（Android），当时，5000 万美元对谷歌来说并非巨款

2007 年
在理查德·布兰森（Richard Branson）的私人岛屿上迎娶科学家露辛达·索思沃思（Lucinda Southworth）

2011 年
佩奇重新成为谷歌的首席执行官，该公司此时的市值达到了 1800 亿美元，他在推特上写道："成人监管已成为过去。"

2013 年
谷歌 I/O 开发者大会于旧金山举行。佩奇在主题演讲中谈道："我们可能只释放了 1% 的潜力……我们应该关注那些不存在的东西。"

2015 年
成为字母表公司（Alphabet）的首席执行官，该公司是谷歌等公司的新控股公司

2019 年
卸任字母表公司（谷歌控股公司）首席执行官

拉里·佩奇

LARRY PAGE

拉里·佩奇出身于计算机世家；他的父亲是计算机科学和人工智能的先驱，母亲是密歇根州立大学的编程教师。童年时，他的家里到处都是科技产品（佩奇是他的小学中第一个用文字处理器做作业的孩子）。他热衷于读书，将尼古拉·特斯拉（Nikola Tesla）视为偶像。他还抽出时间演奏乐器、创作音乐。佩奇对音乐的热爱加深了他对计算时间与计算速度的理解。

在密歇根州立大学就读时，佩奇参与制造了一辆用于比赛的太阳能汽车，还起草了一份有关利用软件制造音乐合成器的商业计划，甚至建议学校建造无人驾驶单轨铁路。后来，佩奇进入斯坦福大学，获得了计算机科学硕士学位，并攻读了博士学位。在导师特里·威诺格拉德（Terry Winograd）的指导下，他选择将探索万维网的数学特性作为研究课题。

佩奇开始分析网页链接，很快，他的同学谢尔盖·布林也参与了进来。直到那时，布林才找到了自己真正感兴趣的项目。他们的研究论文题为《大型超文本网络搜索引擎剖析》（The Anatomy of a Large-Scale Hypertextual Web Search Engine），而这一项目的绰号是"网络爬虫"[网页"反向链接"（backlinks）的双关语]。1996年，他们需提升网络爬虫的计算能力以覆盖1000万个网页。对于还是学生的他们来说，这一数量已经超出了可以操控的范围，于是他们开始连接更多的机器。佩奇的宿舍成了一个连接大学互联网的机器实验室，该实验室以磁盘容量为28GB的Sun Ultra二代为主数据库，并利用其他一些机器来应对建立数据库和处理搜索的负载。他们编写程序所用的语言为Java和Python。

在创建了一个公共搜索页面后，佩奇和布林的网站开始发展。到1998年年中，网站的日搜索量已达到1万次。此时，他们开始筹集资金成立公司，公司原名为Googol（字面意思是10的100次方），但据说后来被意外拼错，也就将错就错了。

之后，公司迁往硅谷，其管理结构开始朝更为传统的方向发展——佩奇起初对此表示怀疑，但在与史蒂夫·乔布斯等其他科技公司的首席执行官会面后表示接受。然而，也有人说佩奇担任首席执行官的那段时间是谷歌"失去的十年"，尽管就谷歌的发展情况来看并非如此。

自21世纪第二个10年中期以来，佩奇在其他领域的兴趣也渐渐走进了公众的视野，如做慈善项目、设计飞车。他已逐步退出谷歌的日常决策层。

亚当·朱尼珀

最新热点与概念

术语

人工神经网络 由连续多层的节点（人工神经元）构成的系统，与动物大脑的结构相似。

新兵训练营 程序员常用的一个短语，指语言或技能的初始训练（尽管他们中很少有人参加过军事训练）。

构建 将程序作为代码转换为可运行程序的过程，例如，"在生成可运行程序之前要进行6次构建"。

质询测试 要求用户执行任务的测试，如CAPTCHA（全自动区分计算机和人类的图灵测试，俗称验证码），这种测试可能会要求你在16张照片中选出含有自行车的照片。

爬虫 "访问"网站以收集数据的软件，例如，谷歌就是利用爬虫工具增进对互联网的了解。

加密货币 一种基于在线数字账本的货币，不同于与国家银行挂钩的传统印刷纸币。

无头浏览器 PhantomJS和CasperJS等程序可根据指令"访问"网站、收集信息或测试网站的各个方面，但也常被黑客滥用。

层 人工神经元常将输入置于一个集合中，接着将其结果传递给下一个集合——这些集合被称作"层"（或隐藏层）。系统的输入层和决策层之间可能存在若干层。

机器学习 包含自动数据分析、模式识别，是人工智能的一个分支。

Nutch搜索引擎 早期的无头浏览器。

公钥加密 一种无须事先发送私钥就能加密传输数据的有效方法。该方法出现于20世纪70年代，是大多数互联网安全领域的重要基础。

"the"算法 当一个主要的Web应用程序的系统没有被完全理解时，它们常被称为"the"算法，尤其是那些受到影响的用户会采用这种说法。

训练数据 输入监督式机器学习系统中的信息，能让该系统获得预测未知数据的能力。

版本控制系统 能够监控软件开发者并不断更新软件。

AI: 人工智能

30秒探索编程简史

几个世纪以来，人类一直在寻找能够更快、更高效、更省力地完成任务的方法。如今，我们多用机器进行生产和制造，这些机器有时由人操作，但通常由计算机操控。人工智能（AI）属于计算机领域，它使得编程不再只是对机器发出指令，而是创建能像人类一样思考的程序。例如，智能手机可以基于我们所给的参数规划旅程，我们在用到这一功能时，计算机就能为我们进行规划、做出决策、解决问题。我们可能会转错弯，因此软件必须重新规划路线。人工智能是我们日常生活的一部分；它收集有关我们过去的行为和习惯的数据，从而为我们呈现它认为我们需要的、想要的或我们可能购买的物品。我们通常理解的"算法"其实就是人工智能，如我们在社交媒体上看到的帖子和广告。人工智能还被用于发展其他科学领域，如在医疗领域帮助医生控制、治疗和预防疾病。人工干预始终存在，因为人工智能尚不完善，但人类决策亦是如此。

相关话题
另见
人脸识别 第124页
计算机不能确定真相
　第142页

3秒钟人物
拉里·特斯勒
Larry Tesler
1945—2020
美国计算机科学家，曾在施乐、苹果、亚马逊和雅虎工作过，因简化剪切粘贴操作、推广ARM处理器的应用而出名，他的名言是："人工智能就是那些尚未实现的事。"

本文作者
苏泽·沙尔德洛

3秒钟精华
人工智能系统经过训练后，能够接收数据（提供数据有泄露隐私的风险）以帮助人类解决问题。

3分钟扩展
人工智能是一个涵盖机器学习的概念。人工智能系统经过训练后，能够接收数据以解决问题：示例情况和理想结果。人工智能算法根据这些数据建立模型。一个训练有素的人工智能系统（如智能手机和智慧文本）能够使用其模型来推断不包含在训练数据内的新情况的可能结果。这一过程模仿了人类学习的过程。

人工智能系统有望像人类一样思考，帮助人类解决问题。

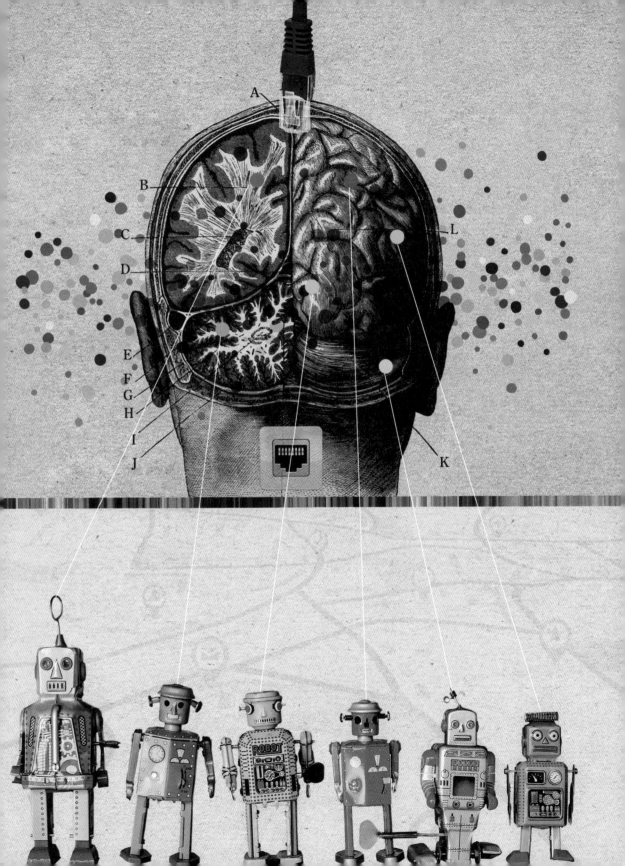

黑盒

30秒探索编程简史

3秒钟精华
黑盒包含简单的函数或人工神经网络，它对用户是隐藏的（即使用户是程序员或测试员）。

3分钟扩展
从这个意义上而言，黑盒最著名的例子之一就是Web开发者或社交媒体创造者所说的"算法"。但实际上，它是众多人工智能系统的集合，这些系统共同运行，对页面进行排序或确定审查内容。进行搜索引擎优化或以其他方式优化内容的内容创作者本质上是在进行黑盒测试。

在计算机科学中，黑盒是指你可以在不知道其运作方式的情况下进行测试的任何东西。在你输入数据之后，黑盒开始运行，然后你就可以看看其输出是否符合你的预期。其实，许多库函数对于使用者——程序员来说其实就是黑盒。黑盒测试以用户为中心，这意味着你可以选用没有编程经验或软件架构经验的测试员。黑盒测试的方法包括边界值分析（对输入或输出的边界值进行测试）、等价划分（挑选具有代表性的输入）以及因果图等。近年来，黑盒的隐喻带来了一个更广泛的问题——人类现在认为人工智能系统能够保证自己的安全，这些系统根据给定的输入做出决策，其决策比我们可能做出的决策更为复杂。我们甚至不知道"预期"结果是什么。"神经网络"是许多人工智能系统的基础，由被计算机科学家称为节点的二进制测试分层结构组成，但它们和人工神经元一样有亮或不亮两种状态。机器学习的第一步是进行测试，然后自动重组节点，直到生成正确的结果。法国计算机科学家杨立昆（Yann LeCun）称黑盒为"一个有着数百万个旋钮的盒子"。

相关话题
另见
调试 第104页
AI：人工智能 第138页

3秒钟人物
沃伦·麦卡洛
Warren McCulloh
1898—1969
美国神经生理学家，与沃尔特·皮茨（Walter Pitts）一同建立了首个神经网络计算模型。

本文作者
亚当·朱尼珀

黑盒对用户是隐藏的，其作用是测试输入是否以预期方式输出。

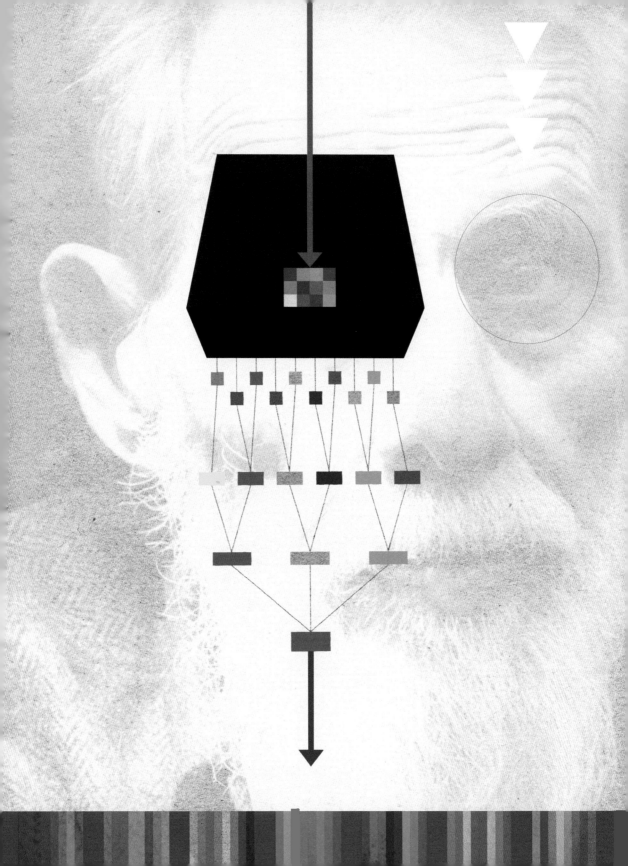

计算机不能确定真相

30秒探索编程简史

人们已无数次试图通过技术确定客观事实。例如，美国警匪剧爱好者都无比熟悉测谎仪。测谎是一项模拟技术，能够跟踪血压、脉搏、呼吸和汗液，其原理是这些测量指标会暴露一个人是否说谎。（事实证明，测谎仪的依据是罪恶感和羞耻感，所以测谎仪存在着根本缺陷且不可靠。但仅在美国，其行业价值就达到了20亿美元。）人们希望数字媒体能够变得更加真实。这是源于优兔等网站的"the"算法中的一个问题。这些网站致力于发现、共享"权威声音"，同时希望这些"声音"能获得更高的浏览量，让人们不停地观看投放的广告。多年以来，小报的存在就说明：比信息来源明确的权威媒体更能够煽动恐惧和震惊情绪的媒体，能够拥有更多的销量（或浏览量）。由于权威性与浏览量相互联系，系统能够简单地从浏览量中得知其权威性，并让更令人震惊的内容获得更高的浏览量。那么，一个平台如何才能在不破坏言论自由又不至于把自己变得枯燥到无人访问的情况下检测并禁止谎言呢？一个解决方法是制定一项策略并成立一个人工执行团队。

3秒钟精华

尽管人类已经意识到近乎无限的言论自由既有风险也有优点，但软件似乎不太可能解决这一问题。

3分钟扩展

2020年，推特给美国时任总统特朗普的激烈言论加上了"事实核查中"（fact-checking）的标签。推特的做法是建立一套规则，然后在疑似违反了规则的推文旁加上警告标识或是到可信任来源获取事实的指引（暗示特朗普的推文并不可信）。推特会使用"内部系统"（算法）引用"可信任的合作伙伴"（如美国全国广播公司）的报道。它巧妙地将这些合作伙伴的事实核查结果放在推特页面上，同时还可继续出售页面上的广告空间。

相关话题

另见

AI：人工智能 第138页

检测机器人程序 第146页

3秒钟人物

查尔斯·古德哈特

Charles Goodhart

1936—

英国经济学家，他曾说："当指标变成目标时，它就不再是一个好指标。"在"事实核查中"存在的情况下，这意味着人们都会想方设法让自己变得"可信"。

本文作者

亚当·朱尼珀

尽管进行了无数次尝试，但技术在检测虚假信息时仍存在缺陷。

区块链

30秒探索编程简史

相关话题

另见
最终一致性 第82页
端到端加密 第128页

3秒钟人物
中本聪
Satoshi Nakamoto
1975—（自称）
比特币发明者的假名；网上
到处都是有关这个名字和相
关猜测的信息。

本文作者
亚当·朱尼珀

3秒钟精华
该技术能够取代现金和其
他以公共系统形式（如比
特币）进行的顺序交易或
公司内部的顺序交易。

3分钟扩展
区块链可以仅由一台服务
器控制，但艾丽斯和鲍勃
都可以留有一份副本（并
持续更新副本）。如果我
决定给鲍勃40个币，我
会将这一区块告知所有持
币用户。每个人都需要确
保区块链的顺序无误，且
测试需要通过计算进行，
新型货币比特币就是回
报，因此这一计算过程被
称作挖矿（mining）。

区块链这一技术是比特币等近年出现的数字货币的基础技术。该技术的原理是创建用户之间进行交易的数字账本，并用公钥加密技术对其进行保护。这创建了一个独立的、可信的环境，不直接与任何传统货币挂钩。如果你定期与艾丽斯和鲍勃交换货币，你就可以创建加密货币。假设你们每人投入100英镑，每个人得到了100个币，然后艾丽斯想付给你50个币，她就创建了第一笔交易"1：艾丽斯付给你50个币"加上她的电子签名。现在鲍勃要付给你40个币，账本上的交易就是"2:鲍勃付给你40个币"加上鲍勃的电子签名。此时，如果艾丽斯决定用70个币从鲍勃那里买一顶帽子，那么她其实买不起，因为账本上显示她只有50个币。交易序列号之所以重要，有以下两个原因：它不仅是密码学的关键，也形成了链。每笔交易都是一个区块，它们以特定的顺序发生，因此我们能确定艾丽斯在前两笔交易后只剩下了50个币。

比特币等数字货币以区块链技术为基础。

检测机器人程序

30秒探索编程简史

3秒钟精华
机器人程序是能够访问你的程序或站点的代码片段。在伪装成人类时，它们变得更为复杂。

3分钟扩展
谷歌的ReCAPTCHA是检测机器人程序的方法之一，于2009年开始流行，尽管你可能不知道它的版权属于谷歌。这就是所谓的质询-响应方法——服务器以计算机无法应对的方式质询访问者，而访问者必须做出回应。（在线支付服务商PayPal从2001年开始使用CAPTCHA。）

机器人程序是指所有伪装成人类的代码，它也包括通过编程侵入安全系统的恶意程序。一个非常简单的机器人程序可能是反复尝试密码直到成功的程序[在尝试密码之前，这个机器人程序还必须进行猜测（可能是根据常用密码表猜测）]。有个简单的方法可以解决问题（你一定知道这个方法）：受保护的系统只允许输入几次密码，如果几次输入的密码均错误就会暂时锁定账户，暂停访问。设计程序时，你需要考虑如何能检测出正在进行的安全侵入。针对封闭系统（如计算机上的密码）和联网系统会有不同的方法。多达三分之一的网络活动是机器人程序在试图突破保护，它们经历了几个发展阶段。第一代机器人程序是"爬虫"，它们会查看网页，这一点很像谷歌，但它们不像人类访问者那样保存用户本地终端数据。第二代是网络爬虫、无头浏览器，如搜索引擎Nutch，它看起来仍与真正的访问者不同。第三代（例如PhantomJS程序和CasperJS程序）出现于行业利用质询测试进行反击之时。基于JavaScript的网站甚至能够跟踪鼠标动作（因为它们为广告商提供了海量数据），这导致机器人程序甚至试图模仿人类的鼠标动作。

相关话题
另见
端到端加密 第128页
AI：人工智能 第138页
艾伦·图灵 第150页

3秒钟人物
路易斯·冯·安
Luis von Ahn
1978—
危地马拉裔美国密码学研究学者，于2000年开始转向CAPTCHA研究，在主流媒体访谈中炒热了这个词。

本文作者
亚当·朱尼珀

机器人程序是指伪装成人类访问程序或站点的代码片段。

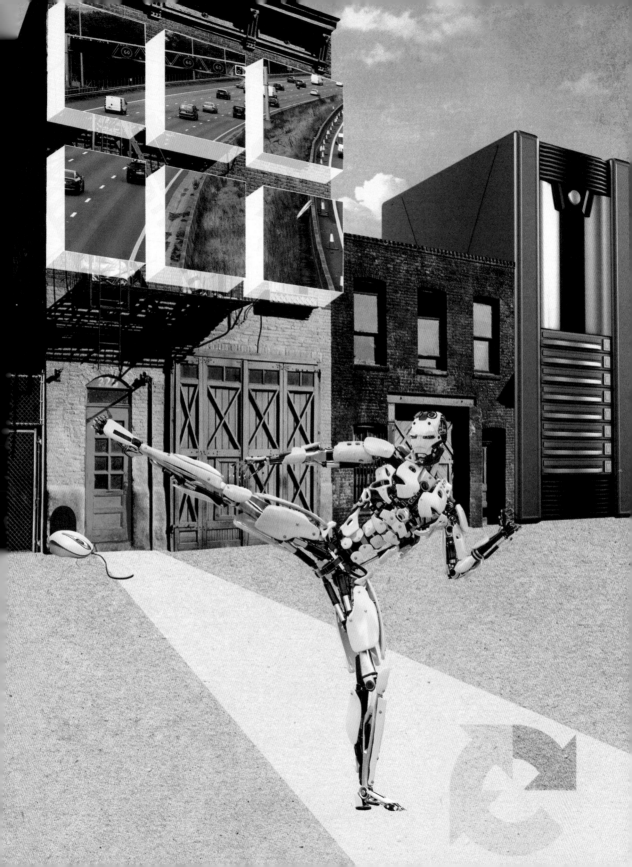

集成开发环境

30秒探索编程简史

3秒钟精华
编程的一个好处在于，编程人员清楚地知道该如何设计软件以改善用户体验。

3分钟扩展
编辑器区域也可用于设计应用程序接口，并将代码片段与特定组件相连接。例如，在XCode中，你可以为iPhone应用程序创建一个页面，在需要的位置添加一个按钮，并在同一页面上添加一个输入区域。接着，你可以编写代码来检测按钮是否被按下，并更改发送至输入区域的值。你甚至可以在屏幕上测试全部代码，或者将其发送至用于测试的手机上。

"指令计算机"这一章介绍了许多有关现代的面向对象程序设计的基本理论，除了理论，你在何处编程也十分重要。正如写作可以通过文字处理器进行一样，编程也可在集成开发环境中进行，如苹果的Xcode和微软的Visual Studio（分别可用于macOS操作系统和Windows操作系统）等，为数众多，不一而足。这些程序功能各异，但其主要功能大致相同。主区域（相当于文字处理器中的输入区域）是一个编辑器，用于编写新程序；代码是纯文本，但编辑器通常会高亮显示不同的元素（定义的对象、函数、变量等）以提升代码的可读性。这在新兵训练营和调试中也能发挥作用，因为只有拼写正确的元素才能被高亮显示。代码区域旁还有一个输出区域或控制台区域，代码可以在你工作时于其环境中运行，从而有助于调试（错误警告或错误计算无须经过实际测试就能显示于此）。最后，在大型团队比比皆是的世界里，团队之间很可能相互联系，有着共享团队空间、版本控制系统或本地函数库。

相关话题
另见
过程语言 第46页
编译代码 第48页
面向对象程序设计 第50页

3秒钟人物
约翰·乔治·凯梅尼
John George Kemeny
1926—1981
匈牙利裔计算机科学家，达特茅斯学院开发的BASIC语言背后的科学家，这种语言是第一种被设计用于计算机编程而非在穿孔卡片上编程的语言。

本文作者
亚当·朱尼珀

编辑器可用于设计应用程序接口，并将代码片段与特定组件相连接。

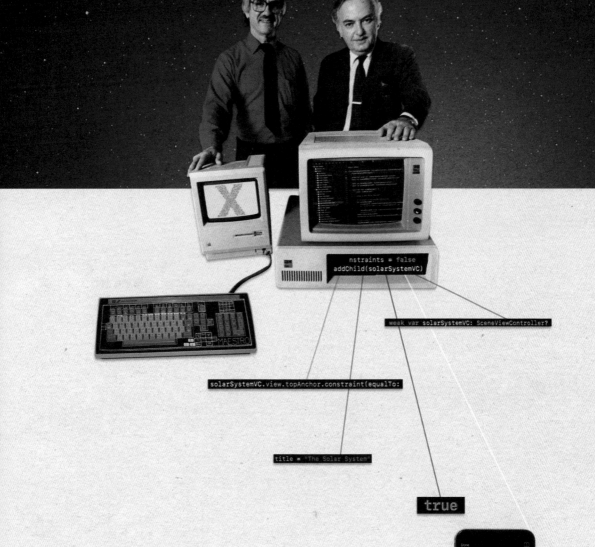

```
nstraints = false
addChild(solarSystemVC)
```

```
weak var solarSystemVC: SceneViewController?
```

```
solarSystemVC.view.topAnchor.constraint(equalTo:
```

```
title = "The Solar System"
```

```
true
```

1912 年
出生于伦敦梅达谷

1926 年
入读高级寄宿学校，遇见了他的"初恋"克里斯托弗·莫科姆（Christopher Morcom），克里斯托弗于 1930 年死于肺结核

1931 年至 1934 年
于剑桥大学国王学院攻读学士学位

1935 年
成为剑桥大学国王学院的研究员

1936 年
发表论文《论可计算数及其在判定问题上的应用》，其中包含了"通用计算机"这一构想

1936 年至 1938 年
在普林斯顿大学学习，师从阿朗佐·丘奇（Alonzo Church）；丘奇也提出了解决决策问题的方法：λ 演算

1938 年
开始为英国政府进行密码研究

1939 年
据剑桥大学访问讲师的文字记录，他与路德维希·维特根斯坦（Ludwig Wittgenstein）在数学基础问题上产生分歧

1939 年
在英国对德国宣战后，进入布莱切利园工作

1941 年
向同为数学家的琼·克拉克（Joan Clarke）求婚，但后来又取消了婚约

1948 年
受聘为曼彻斯特维多利亚大学数学系教授，从事曼彻斯特马克一号计算机的相关工作

1950 年
提出了如今人们所熟知的"图灵测试"，该测试旨在区分人工智能与人类

1952 年
被判犯有"严重猥亵罪"，图灵的律师没有为他辩护

1954 年 6 月 7 日
清洁工发现他身亡，旁边还有一个吃了一半的苹果，据推测，那个苹果中含有致死剂量的毒药

艾伦·图灵

ALAN TURING

图灵是公务员的儿子，他的天赋早在6岁时就得到了老师们的认可。他也是一名极其好学的学生。13岁时，一次全国性罢工阻碍了他前往所就读的寄宿学校，于是他骑了97千米的自行车去上学。

在剑桥大学国王学院学习时，图灵对数学领域的一个热门问题产生了兴趣：数学领域是否有绝对的基础。符合标准的系统需包含一个"有效的程序"，以测试数学陈述的真实性。在计算机算法出现之前，图灵提出了一种理论上的机器，该机器带有一个沿着无限长的符号带移动的扫描头，能够一次执行一条指令，并根据指令添加额外的符号，接着向同一个方向或下一个方向移动。这让图灵产生了一个想法，他觉得无须为每项任务建造一台机器，指令本身就可以在可编程计算机内被编程。

在普林斯顿大学工作期间，图灵结识了约翰·冯·诺伊曼。之后，他回到了剑桥大学。甚至在第二次世界大战之前，图灵就开始在政府代码及加密学校（英国破译密码的组织）工作。战争期间，他利用波兰人的方法破译德国的恩尼格玛密码，找到了一种更为通用的解决方案（以应对德方愈加复杂的系统）。1940年，第一台机电式计算机诞生于布莱切利园，该计算机系统大大减少了盟军的损失，而图灵等人认为，如果有更多可以利用的资源，他们可以有更大的成就，因此他们直接给温斯顿·丘吉尔写了封信。在布莱切利园，图灵对海军使用的异常复杂的恩尼格玛密码颇感兴趣，他制造第一台可编程数字计算机Colossus的目的就是破译这一密码。

战后，图灵先搬到了伦敦的汉普顿，开始研究自动计算引擎。之后，他回到剑桥大学，写了一篇有关智能机器的论文。他后来又来到曼彻斯特工作，那时他甚至开始编写国际象棋程序。

1952年，图灵因"严重猥亵罪"被捕（在当时的英国，同性恋是违法行为）。他选择接受激素治疗（化学阉割）而非入狱服刑。人们都觉得正是这种治疗方法导致图灵于1954年自杀身亡。据推测，他受自己最喜欢的童话故事的启发，在苹果中下了毒并且咬下了苹果。英国政府和女王已经致歉并向他颁发了死后赦免。图灵为计算机科学领域的建立做出了不可磨灭的贡献，该领域最负盛名的奖项的名称就取自他的名字。

亚当·朱尼珀

附录

参考资源

书籍

Code Simplicity: The Fundamentals of Software
Max Kanat-Alexander
(O'Reilly Media, 2012)

Introduction to Algorithms
Thomas H. Cormen, Charles E. Leiserson, Ronald L. Rivest, Clifford Stein
(MIT Press, 2009)

A Programmer's Guide to Computer Science: A Virtual Degree for the Self-taught Developer
Dr. William M. Springer II, Nicholas R. Allgood, et al.
(Jaxson Media, 2019)

Structure & Interpretation of Computer Programs
Harold Abelson, Gerald Jay Sussman, Julie Sussman
(MIT Press, 1996)

Turing's Vision: The Birth of Computer Science
Chris Bernhardt
(MIT Press, 2017)

网站与应用程序

Codeacademy
免费在线编程课。

Coursera
大型的在线公开课平台，提供免费编程课。

edX
大型的在线公开课平台，提供免费编程课。

freeCodeCamp
免费学编程。

Swift Playgrounds
可用于学习Swift编程语言的一款趣味互动应用程序，零起点教学。

W3schools
世界最大的Web开发者网站，提供14种编程语言的免费在线资源，含指南和参考资料。

播客

Automators
戴维·斯帕克斯（David Sparks）和罗斯玛丽·奥查德（Rosemary Orchard）主持的一档自动化播客节目。

List Envy
介绍了改变世界的五大算法。

编者简介

主编

马克·斯特德曼 他是一位编程企业家，在自己的公寓中建立了世界领先的播客平台之一——Podiant.co。该平台受到了《卫报》、科技博客 The Verge等媒体的赞扬，还配有一个好用的机器人（由马克·斯特德曼编程）。马克·斯特德曼十分热爱编程，因此他亲自编写了一款个性化的文本冒险游戏作为送给朋友的圣诞礼物。他没有致力于通过编程完成数字项目，而是创造了一个新的声景；他的交流播客《银河系漫游指南》（*Hitchhiker's Guide to the Galaxy*）之《小心豹子》（*Beware of the Leopard*）已经在英国广播公司播出。

参编

亚当·朱尼珀 一生中的大部分时间专心致志于出版工作：他身兼二职，既是出版人，又是作家。有时，他会窝在键盘前精心遣词造句，分享他多年来积累的专业知识（涉及各种主题，如无人机编程、智能家居规划）。其他时候，他会满世界搜寻可出版图书的创作人才。他专注于创意项目，如慈善摄影图书《新冠街景》（*Covid Street*）。只要写几行代码，他就能做出一个能够开关灯的简易机器人管家，而这并不意味着他不需要花时间利用海量在线资源学习编程。

苏泽·沙尔德洛 在1982年她还是个孩子的时候就写下了第一行代码，并在1996年开始制作网站。她多才多艺，是技术作家，也是编程讲师和公开演讲者。苏泽活跃于科技会议现场，在当地和全球行业活动中主持并发表演讲。苏泽在英国和海外教授编程，为世界各地的科技界女性设计并举办公开演讲讲习班。她热衷于通过博客为国际观众揭开科技的神秘面纱；她还在YouTube上主持一档教育系列节目，就科技角色和职业发展采访女性。苏泽指导过伦敦的两个大型软件开发团队，团队成员超过10000名。她的工作成果曾被学术论文和主要的全球会议引用，而她的社区活动方法被加州硅谷的科技组织复制。苏泽是多个奖项的获得者，是软件领域最具影响力的女性之一。在科技领域之外，苏泽参加了5000和10000跑步比赛，还热衷于手工艺制作。

致谢

感谢以下机构与人士允许转载受版权保护的材料：

Alamy/Photo 12: 17; Science History Images: 17; Mint Images Limited: 17; GL Archive: 25; Prisma by Dukas Presseagentur GmbH: 25; Lenscap: 27; Alpha Historica: 27; Nick Higham: 29; INTERFOTO: 33; Aflo Co Ltd: 33; Science History Images: 33, 43; Granger Historical Picture Archive: 44; Michael Betteridge: 47; Stephen Barnes/Techonology: 47; INTEROFOTO: 47; Retro Ark: 47; Science History Images: 47; The Book Worm: 47; agefotostock: 61; DWD-Media: 67; PictureLux/The Hollywood Archive: 67; Robert Clay: 74; Konstantin Savusia: 79; RGB Ventures/SuperStock: 90; Westend GmbH: 95; UPI: 132; Robert Hoetink: 145; Alpha Historica: 150

Getty Images/Sepia Times and Universal Images Group: 15; IanDagnall Computing: 18; Hulton Archive: 23; Bettmann: 23; Amanda Lucier/For The Washington Post: 64; Bettmann: 115, 145

NASA: 21

New York Public Library: 23

Shutterstock/Rolling Orange: 15; Morphart Creation: 15; nontthepcool: 17; Natbasil: 17; Antony Robinson: 23; eans: 25; Aaren Goldin: 27; PhilipYb Studio: 29; Maxx-Studio: 31; golfyinterlude: 31; Przemek Iciak: 31; Kasefoto: 31; Anna Molcharenko: 31; Everett Collection: 31; Christos Georgiou: 31; Dragance 137: 31; Bernulius: 33; Cristian Storto: 33; Everett Collection: 33; Fouad A. Saad: 33; Everett Collection: 35; Sacho Films: 35; Dr Project: 35; marekuliasz: 43; ConceptCafe: 43; nicemonkey: 43; Alexander Kirch: 47; Roman Belogorodov: 47; Uliya Krakos: 47; Alika-Dream: 47; Vivi-o: 49; Everett Collection: 49; Molotok289: 49; iadams: 49; derGriza: 49; Nattanon Tavonthammarit: 51; Rebius: 51; Markus Mainka: 51; Rashevskyi Viacheslav: 51; Joachim Wendler: 51; Number1411: 51; AlexY38: 51; Przemyslaw Szablowski: 51; Andrii Stepaniuk: 51; tele52: 51; Amguy: 61; BoxerX: 61; Ilaya Studio: 61; Yulia Reznikov: 63; Angyalosi Beata: 63; Elena Schweitzer: 63; Aksenenko Olga: 63; Stephen VanHorn: 63; Everett Collection:

67; Martin Bergsma: 67; Dan Kosmeyer: 67; Ainul muttaqin: 67; Pro Symbols: 67; Everett Collection: 69; Triff: 69; Romeo168: 69; Jojje: 69; Everett Collection: 71; Studio_G: 71; Swill Klitch: 71; Komleva: 71; Neil Carrington: 73; Everett Collection: 73; Andy Dean Photography: 73; Ulrich Mueller: 73; goodcat: 73; rangizzz: 73; Kostenyukova Nataliya: 73; Makstorm: 73; vinap: 73; sondem: 77; Xavier Gallego morell: 77; FabrikaSimf: 77; Everett Collection: 77; INGARA: 77; WNGSTD: 77; Sorapop Udomsri: 79; kathayut kongmanee: 79; Axro: 79; Africa Studio: 79; SpicyTruffel: 79; urfin: 81; Hurst Photo: 81; BiggsJee: 81; Natee Photo: 81; anna k: 81; Carlos Amarillo: 81; varuna: 81; bqmeng: 81; Everett Collection: 81; kasakphoto: 83; Rawpixel.com: 83; Gorodenkoff: 83; Artfurt: 83; Kamenetskiy Konstantin: 89; sondem: 89; nicemonkey: 89; Stock Rocket: 89; MicroOne: 89; naskami: 89; Technisorn Stocker: 89; Butus: 93; artjazz: 93; Emiliya Hva: 93; ilallali: 93; Standard Studio: 93; Everett Collection: 93; Odua Images: 93; Dalibor Zivotic: 97;

sagir: 97; Everett Collection: 97; Demianstur: 97; Jane Kelly: 97; Paolo Bona: 101; iceink: 103; Protosov AN: 105; Everett Collection: 105; Terekhov Igor: 105; simone vancini: 105; 3DDock: 107; ZHU JIAN ZHONG: 107; VectorPixelStar: 107; Macrovector: 107; RHJPhotoandilustration: 115; Filipchuk Maksym: 115; Alena Ohneva: 115; Kasefoto: 117; industryviews: 117; Kovalov Anatolii: 117; Marti Bug Catcher: 119; Everett Collection: 119; Topconcept: 121; Oleg Shakirov: 121; Everett Collection: 121; Morphart Creation: 123; BGStock72: 125; Everett Collection: 139; bumbumbo: 141

Wikimedia Commons: 15, 23, 25, 27, 29, 43, 49, 93, 99, 101, 103, 113, 115, 119, 123, 125, 127, 129, 131, 139, 141, 143, 145, 147, 149

出版社已全力联系图片版权所有者并获准使用相关图片。以上名单若有不慎遗漏之处，敬请谅解。如有指正，出版社将不胜感激，并将在重印版本中予以更正。